JN101615

極端豪雨はなぜ
毎年のように発生するのか

気象のしくみを理解し、地球温暖化との関係をさぐる

川瀬宏明 著

積乱雲の姿

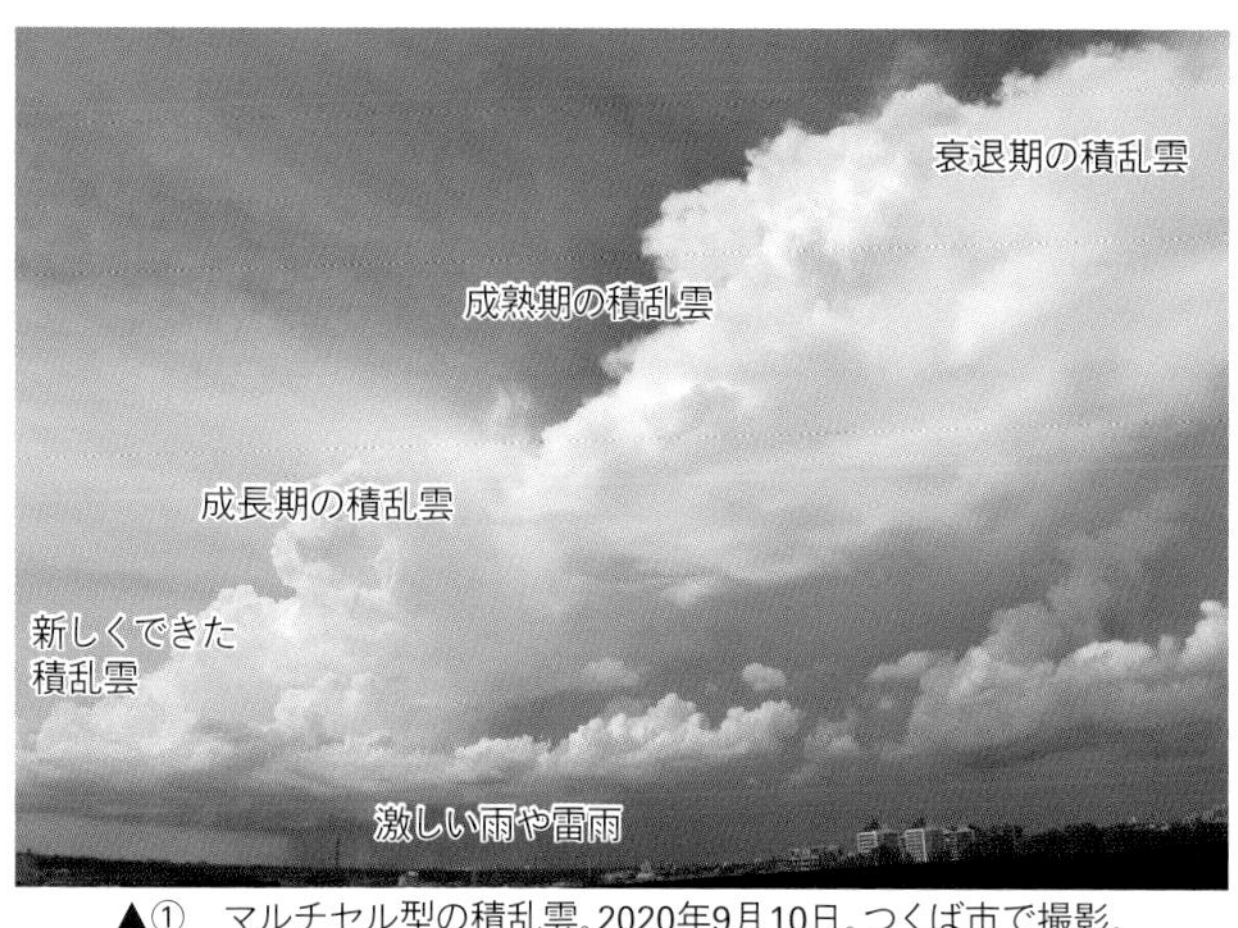

▲①　マルチセル型の積乱雲。2020年9月10日。つくば市で撮影。

▲②　飛行機から見えた積乱雲

◀③　降水発生前後の積乱雲。

◀④　消滅する積乱雲。

◀⑤　積乱雲と虹。

▲⑥　積乱雲の接近。左から、15時46分、16時15分、16時34分。

さまざまな気象現象

◀①　層積雲の上に降る雨やあられ。アメリカ・コロラド州ボルダーで撮影。

▼③　虹色の雲。(左上から時計回りに)環天頂アーク、環水平アーク(下)と日暈(上)、幻日、彩雲。彩雲は水でできた積雲などの雲に、ほかは氷でできた巻層雲などにできる。

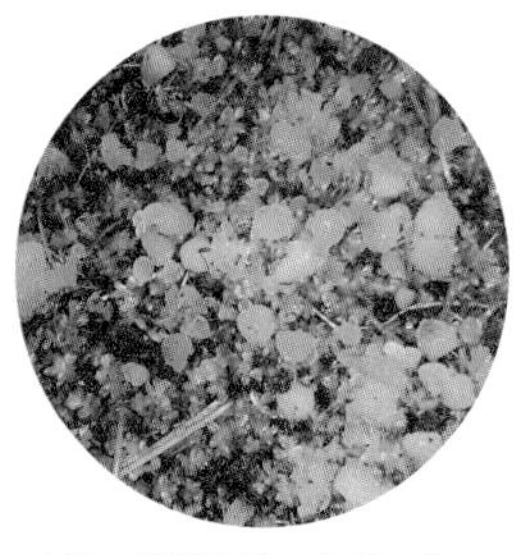

▲②　横浜に降ったひょう。

▼④　筑波山近くに落ちた雷(左)と雲の中を走る稲妻(右)。

十種雲形

① 巻雲、② 巻層雲、③ 巻積雲、④ 高層雲、⑤ 高積雲、⑥ 乱層雲、
⑦ 積雲、⑧ 層積雲、⑨ 層雲、⑩ 積乱雲

警戒レベル一覧

警戒レベル	状況	住民がとるべき行動	行動を促す情報
5	災害発生又は切迫	命の危険　直ちに安全確保!	緊急安全確保※1
〈警戒レベル4までに必ず避難！〉			
4	災害のおそれ高い	危険な場所から全員避難	避難指示(注)
3	災害のおそれあり	危険な場所から高齢者等は避難※2	高齢者等避難
2	気象状況悪化	自らの避難行動を確認	大雨・洪水・高潮注意報（気象庁）
1	今後の気象状況悪化のおそれ	災害への心構えを高める	早期注意情報（気象庁）

※1 市町村が災害の状況を確実に把握できるものではない等の理由から、警戒レベル5は必ず発令されるものではない
※2　警戒レベル3は、高齢者等以外の人も必要に応じ、普段の行動を見合わせたり危険を感じたら自主的に避難するタイミングである
(注) 避難指示は、令和3年の災対法改正以前の避難勧告のタイミングで発令する
内閣府「避難情報に関するガイドライン」(http://www.bousai.go.jp/oukyu/hinanjouhou/r3_hinanjouhou_guideline/pdf/hinan_guideline.pdf) の表3をもとに作成。

線状降水帯

● 平成26年8月豪雨（広島の線状降水帯）

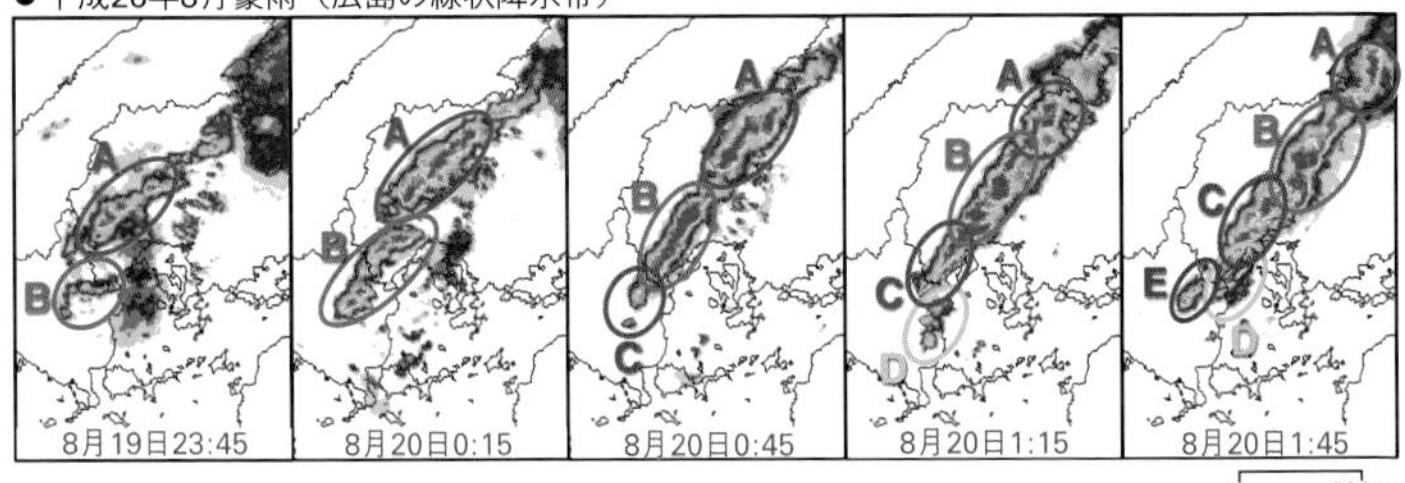

● 令和2年7月豪雨（球磨川流域の線状降水帯）

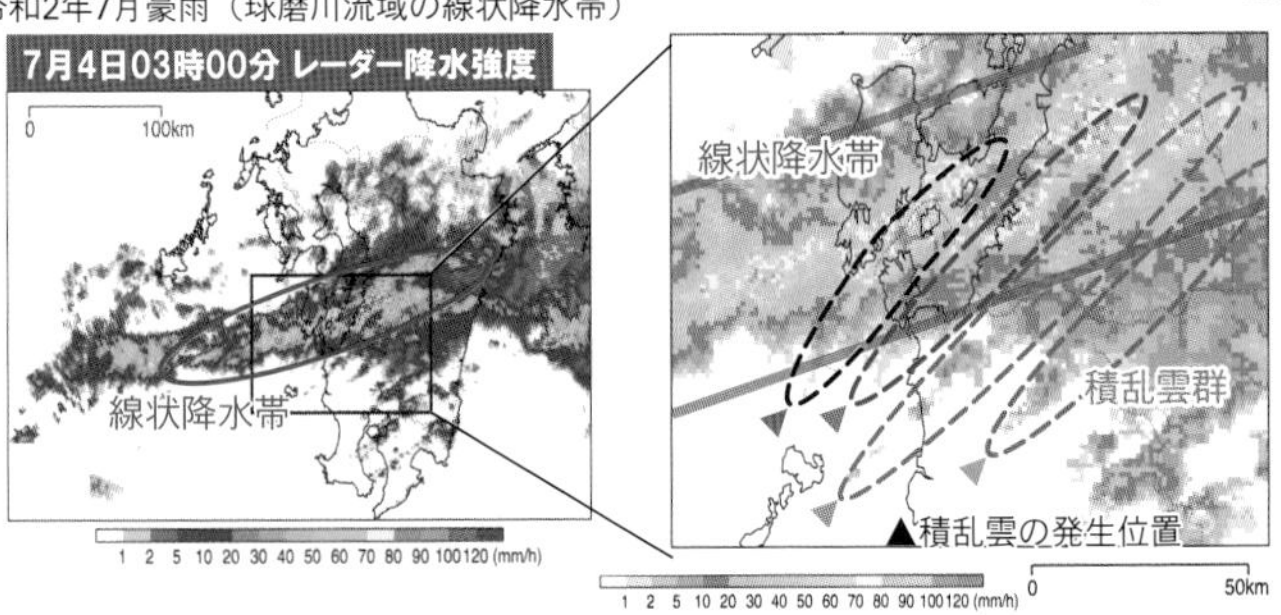

上：平成26年8月豪雨で発生した広島の線状降水帯。複数の積乱雲からなる積乱雲群が複数発生し（A～E）、それらが連なることで線状降水帯を形成。気象研究所の報道発表資料（平成26年9月9日）をもとに作成。
下：令和2年7月豪雨で発生した球磨川流域の線状降水帯。複数の積乱雲群（右図の破線楕円）が南西から北東にのびており、それらから線状降水帯（左図の赤楕円）が構成されていることが確認できる。気象庁の報道発表資料（令和2年8月20日）をもとに作成。

まえがき

2020年夏、本来であれば東京オリンピックに日本中が歓喜しているはずでした。しかし、新型コロナウイルス感染症（COVID-19）の影響で、4月には緊急事態宣言が発出され、東京オリンピックは延期となり、全国的に大幅な自粛が余儀なくされました。ただ、そんな人々が混乱した中でも、自然は容赦してくれません。2020年7月4日、熊本県球磨川流域を記録的な豪雨が襲いました。球磨川が氾濫し、周囲の住宅が浸水、犠牲者も多く出るなど、大規模な水害となったのです。今回、豪雨が深夜に発生したことも、被害を拡大させた要因かもしれません。気象庁は熊本県と鹿児島県の一部に大雨特別警報を発表しました。そのわずか2日後の7月6日、今度は九州北部で大雨が降り、ふたたび大雨特別警報が出されました。さらに7月8日には岐阜県と長野県にも大雨特別警報が発表されました。50年に一度程度の大雨が降った際に発表される大雨特別警報が、この月は立て続けに発表されたのです。7月後半の東北地方での豪雨を含め、気象庁はこれら一連の豪雨を「令和2年7月豪雨」と名づけました。

近年、気象庁が名称をつける豪雨が頻発しています。２０２０年は「令和2年7月豪雨」、２０１９年は東北南部や関東甲信に甚大な水害をもたらした「令和元年東日本台風」、２０１８年は西日本に記録的な大雨をもたらした「平成30年7月豪雨」、２０１７年は九州北部で発生した大雨「平成29年九州北部豪雨」、２０１５年は関東地方で鬼怒川（きぬ）が氾濫した「平成27年9月関東・東北豪雨」など、ほぼ毎年のように何らかの豪雨災害が発生しています。本書の執筆も大詰めを迎えた令和3年7月にも、熱海市で大規模な土砂災害が発生した東海から関東南部にかけての大雨、中国地方の大雨、そして7月10日には九州南部で、令和2年7月豪雨とほぼ同じ地域に大雨が降り、鹿児島県と宮崎県、熊本県の一部市町村に大雨特別警報が発表されました。一方、平成元年から平成20年までは、名前がつけられた豪雨や台風などはわずか6事例です（そのうちのひとつは冬の豪雪「平成18年豪雪」）。これは偶然でしょうか？

　豪雨が増加してきている原因のひとつとして、地球温暖化の影響が指摘されています。詳細は本編でお話ししますが、気温が上昇することで、大雨の頻度が増加すると予測されています。気象庁の過去１００年間の観測データからも、大雨日数の増加が見えてきており、雨の降り方はたしかに変わりつつあります。ただ、ここで大事なことは、最近の豪雨が地球温暖化を主要因として起こったわけではないということです。地球が温暖化していなくても豪雨は発生します。すべての豪雨はそれぞれ理由があって発生していて、そこを把握しておくことが、地球温暖化の豪雨への影響を考える際に大切になってきます。

本書ではまず、第1章で近年の豪雨を振り返ったあと、第2章では雨の降る基本的なしくみから、なぜ普段は穏やかな空が急に牙を向くのか、豪雨の主役としてよく出てくる「不安定な大気の状態」や「線状降水帯」とは何かを説明します。第3章で、気象庁が行っている観測や予報、大雨に対して出される情報をまとめ、第4章と第5章の地球温暖化と豪雨の話へと移っていきます。本書をお読みいただければ、豪雨をもたらす積乱雲の発達から地球温暖化と豪雨の関係までを、ひとつのつながった話として知ることができるでしょう。災害をもたらす豪雨はたしかに怖いものであり、ときには避難する必要があります。ただ、地震のように突然起こるものではなく、ある程度は事前に予測することができます。普段から天気予報に耳を傾け、天気の移り変わりのしくみを知っておくと、いざ豪雨がきたときにも慌てず、適切な行動をとれるようになるでしょう。豪雨の正体をつかめば、なぜ地球温暖化で豪雨が威力を増すのかもわかってきます。

本編に移る前に、次の点について特記しておきます。

まず、本書のタイトルに用いた「極端豪雨」は正式な用語ではありません。豪雨自体が極端な大雨であることから、本来は極端気象や極端降水と表記されますのでご注意ください。また、気象庁では、豪雨の用語の使用は、気象庁が命名する大雨災害の名称、もしくは地域的に定着している災害の通称の名称に限定していますが（集中豪雨など一部の用語を除く）、本書では読みやすさの観点から、気象庁の使用よりは幅広く豪雨の表現を用いています。

また本書は、多くのみなさんに読んでいただけるよう、できる限りわかりやすく記述することを心掛けました。より専門的な解説を知りたい方は、巻末にまとめた文献情報をご覧いただければと思います。そのほか、本文中のところどころに、参考となるウェブサイトの二次元バーコードをつけました。本書は２０２１年６月時点の情報に基づいて書かれていますので、毎年更新される最新の情報はぜひウェブサイトをご覧ください。

本書によって、読者のみなさんの地球温暖化と豪雨についての知識が少しでも深まることを願います。

目次

第2章 豪雨はなぜ発生するのか？ 43

第1章

21世紀はじめに発生した豪雨を振り返る

21世紀に入り、大きな被害をもたらす豪雨が全国各地で発生しています。その要因は梅雨前線であったり、台風であったり、線状降水帯であったりとさまざまです。気象庁では大規模な豪雨が発生すると、豪雨の特徴を調査し、要因分析を行っています。本章では、２０１１年から２０２０年までの10年間に気象庁が名称をつけた豪雨を振り返ってみましょう。豪雨を引き起こす個々の現象のメカニズムや地球温暖化との関係は第2章以降でくわしくお話ししますので、ここでは私の所感を交えながら、それぞれの豪雨の全体像を紹介します。

1・1 気象庁が命名する豪雨

気象庁はどのような気象災害に名称をつけているのでしょうか？ 何らかの被害が出た災害のすべてに名称をつけているわけではありません。自然現象により顕著な災害が発生したときのみ、気象庁は気象災害に名称をつけます。気象庁は、名称を定めることで、防災関係機関などによる災害発生後の応急・復旧活動の円滑化を図るとともに、当該災害における経験や貴重な教訓を後世に伝承することを期待しています。気象庁が対象とする自然現象は、「気象現象」「地震現象」「火山現象」の三つです。これまで、気象現象は32事例、地震現象は32事例、火山現象は5事例に名称がつけられています（２０２１年６月時点）。**表１－１**に平成以降の気象の事例を記載します。

なお、一般に用いられている名称と気象庁が定めた名称が異なる場合があります。たとえば、２０１８（平成30）年に発生した西日本豪雨は「平成30年7月豪雨」、２０１１年３月に発生した東日本大震災は「平成23年（２０１１年）東北地方太平洋沖地震」と名づけています。九州北部では２０１２年と２０１７年に豪雨に襲われていて、それぞれ「平成24年7月九州北部豪雨」「平成29年7月九州北部豪雨」と名づけられています。平成に入って唯一豪雪で名称がつけられたのが「平成18年豪雪」です。昭和には何度か豪雪が起こっていますが、気象庁が命名したのは「昭和38年1月豪雪」（いわゆる三八（さんぱち）豪雪）だけです。命名された気象現象の中には台風も存在します。有名な台風としては、昭和34年の「伊勢湾台風」、昭和36年の「第二室戸台風」、記憶に新しいところでは「令和元年房総半島台風」や「令和元年東日本台風」などが挙げられます。気象庁が命名した気象現象でもっとも古いものが、昭和29年9月の洞爺（とうや）丸台風（台風第15号）です。

気象庁が名称をつける気象現象の基準を紹介します。台風を除く気象に関しては、「顕著な

表1－1 平成以降（平成5年から令和2年）に気象庁が名称をつけた気象の事例

名称	期間・現象等	「地域独自の名称等」、主な被害
平成5年8月豪雨	平成5年7月31日～8月7日	「8・6水害」、「鹿児島水害」。鹿児島市（鹿児島県）の土砂災害・洪水害等。
平成16年7月新潟・福島豪雨	平成16年7月12日～13日	「7. 13新潟豪雨」。
平成16年7月福井豪雨	平成16年7月17日～18日	福井県の浸水害・土砂災害等。
平成18年豪雪	平成18年の冬に発生した大雪	屋根の雪下ろし等除雪中の事故や落雪による人的被害等。
平成18年7月豪雨	平成18年7月15日～24日	「平成18年7月鹿児島県北部豪雨」。諏訪湖（長野県）周辺の土砂災害・浸水害、天竜川（長野県）の氾濫等。
平成20年8月末豪雨	平成20年8月26日～31日	名古屋市・岡崎市（愛知県）の浸水害等。
平成21年7月中国・九州北部豪雨	平成21年7月19日～31日	「平成21年7月21日豪雨」、「山口豪雨災害」。
平成23年7月新潟・福島豪雨	平成23年7月27日～30日	五十嵐川・阿賀野川（新潟県）の氾濫等。
平成24年7月九州北部豪雨	平成24年7月11日～14日	「熊本広域大水害」、「7. 12竹田市豪雨災害」。八女市（福岡県）・竹田市（大分県）の土砂災害・洪水害、矢部川（福岡県）の氾濫等。
平成26年8月豪雨	平成26年7月30日～8月26日	「広島豪雨災害」、「8. 20土砂災害」、「2014年8月広島大規模土砂災害」、「丹波市豪雨災害」、「2014高知豪雨」。
平成27年9月関東・東北豪雨	平成27年9月9日～11日	「鬼怒川水害」。鬼怒川（茨城県）・渋井川（宮城県）の氾濫等
平成29年7月九州北部豪雨	平成29年7月5日～6日	朝倉市・東峰村（福岡県）・日田市（大分県）の洪水害・土砂災害等。
平成30年7月豪雨	平成30年6月28日～7月8日	「西日本豪雨」。広島県・愛媛県の土砂災害、倉敷市真備町（岡山県）の洪水害など、広域的な被害。
令和元年房総半島台風	令和元年9月（台風第15号）	房総半島を中心とした各地で暴風等による被害。台風「ファクサイ」。
令和元年東日本台風	令和元年10月（台風第19号）	東日本の広い範囲における記録的な大雨により大河川を含む多数の河川氾濫等による被害。台風「ハギビス」。
令和2年7月豪雨	令和2年7月3日～31日	「熊本豪雨」。西日本から東日本の広範囲にわたる長期間の大雨。球磨川（熊本県）などの河川氾濫や土砂災害による被害。

気象庁ホームページ[(1)]より作成。

被害（損壊家屋等1000棟程度以上または浸水家屋10000棟程度以上の家屋被害、相当の人的被害、特異な気象現象による被害など）が発生した場合」に名称がつけられます。また、名称に統一性を持たせるために、名づけ方も決まっています。原則として「元号年」「月」「顕著な被害が起きた地域名」「現象名」をつなげた名称となります。元号は昭和、平成、令和、現象名は、豪雨、豪雪、暴風、高潮などです。豪雪については被害が長期間にわたることが多いため、冬期間全体を通した名称としています。

一方、台風に関しては別の基準が設けられています。台風の名称は、「顕著な被害（損壊家屋等1000棟程度以上または浸水家屋10000棟程度以上の家屋被害、相当の人的被害など）が発生し、かつ後世への伝承の観点から特に名称を定める必要があると認められる場合」につけられます。顕著な被害の規模はほかの気象災害と同じですが、「後世への伝承の観点」が追加されています。平成に入ってからは、台風に名称がつけられたことはなく、すべて昭和の台風でした。しかし、令和に入り、令和元年房総半島台風、令和元年東日本台風と立て続けに台風に名称がつけられました。令和元年房総半島台風は暴風によって房総半島に多大な被害をもたらした台風、令和元年東日本台風は大雨によって関東地方や長野県、東北地方に甚大な被害を与えた台風でした。一方、名称がついた豪雨は平成に入って増加し、平成20年から平成30年までの11年間に8回も発生しました。令和に入ってもその傾向が続き、令和2年には線状降水帯により、球磨川を氾濫させた「令和2年7月豪雨」が発生しました。豪雨の増加については偶然の側面もありますが、地球温暖化による影響がある可能性もあります。これについては第4章、第5章でくわしく触れます。

気象庁、とくにその付属機関である気象庁気象研究所では、豪雨が発生するとその要因を分析します。長期にわたって大気の流れに異常が続いた場合には、異常気象分析検討会が開かれ、気象庁関係者だけでなく、全国の大学、研究所の専門家の知見を集めて、その要因を分析します。次節から、気象庁や異常気象分析検討会の見解も踏まえて、21世紀初頭に発生した豪雨の要因とそれに伴う被害を見ていきましょう。第1章では豪雨をもたらす要因を網羅的に紹介し、個々の要因に対するくわしい説明は第2章に譲ることにします。

1・2 九州から東北まで広がった「令和2年7月豪雨」

本書を執筆し始めた頃に発生したのが「令和2年7月豪雨」です。気象庁は令和2年7月豪雨の期間を7月3日から31日としています。7月は梅雨の末期にあたり、日本でとくに大雨が降りやすい時期です。平成元年から令和2年までに気象庁が命名した豪雨は全部で13回ありますが、そのうち11回が7月あるいは7月を含む時期に発生しています。これだけでもいかに7

月に豪雨が発生しやすいかがわかります。令和2年7月豪雨の期間中、災害をもたらすような大雨は3回発生しました。この豪雨の始まりは、7月3日から4日にかけて鹿児島県から熊本県にかけて発生した豪雨です（**図1－1**）。熊本県の球磨川流域では、わずか数時間で500ミリを超える記録的な大雨となり、気象庁は鹿児島県と熊本県に大雨特別警報を発表しました。この大雨により球磨川が氾濫。水俣市や球磨村に大きな被害をもたらしました。

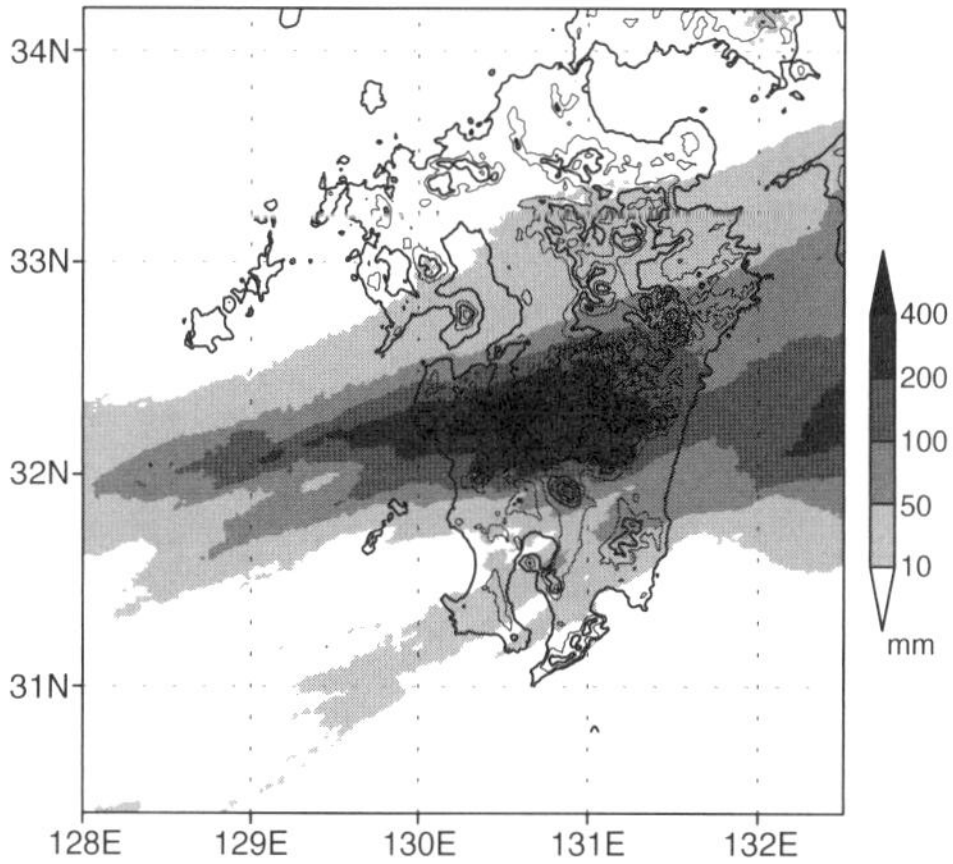

図1－1　2020年7月4日0時から9時までの積算降水量。気象庁解析雨量をもとに作成。

球磨川流域の豪雨が落ち着いた2日後の7月6日、今度は九州北部を大雨が襲います。発達した雨雲が九州北部に停滞し、気象庁は福岡県、佐賀県、長崎県に大雨特別警報を発表しました。とくに福岡県と佐賀県、大分県の県境付近では48時間雨量が800ミリ前後に達したところもありました。この九州北部の豪雨や球磨川の豪雨には、〝線状降水帯〟の寄与が大きかったことがわかっています。

線状降水帯については第2章でくわしく説明

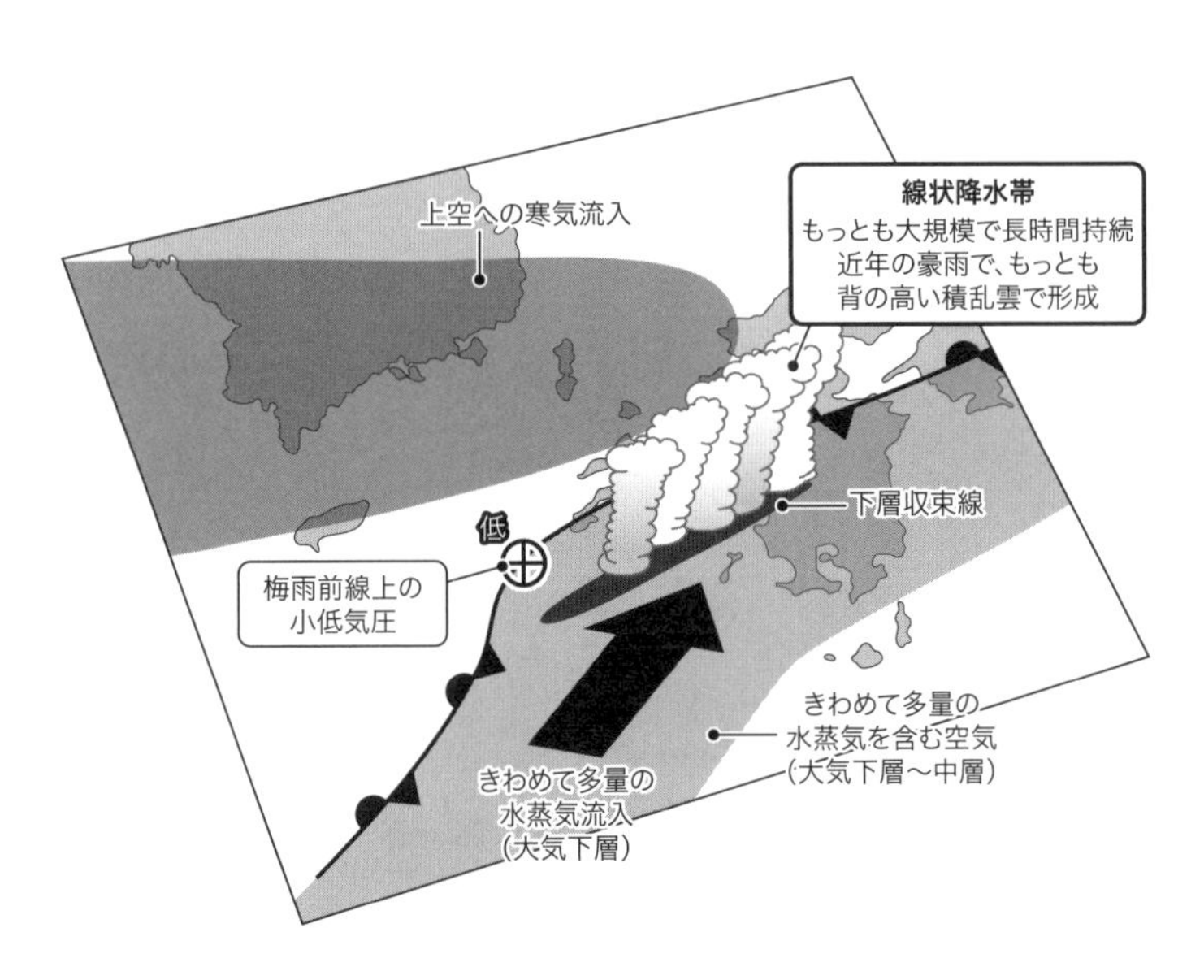

図1－2 2020年7月3日〜4日の球磨川流域における記録的な大雨の要因の概念図。気象研究所報道発表(3)を参考に作成。

しますが、豪雨の要因となるもののひとつです。気象庁では線状降水帯を「次々と発生する発達した雨雲(積乱雲)が列をなした、組織化した積乱雲群によって、数時間にわたってほぼ同じ場所を通過または停滞することで作り出される、線状に伸びる長さ50〜300km程度、幅20〜50km程度の強い降水をともなう雨域(2)」と定義しています。

九州で発生した豪雨は、九州の広い範囲で線状降水帯が次々と形成されたことが原因でした。また、梅雨前線上の小低気圧の存在も、線状降水帯の発生に寄与したと考えられています(3)(**図1－2**)。

九州北部に発表されていた大雨特別警報は、7月7日の11時40分にすべて解除されました。しかし、九州の大雨が落ち着いた7月8日、ふたたび大雨特別警報が発表されます。午前6時30分に岐阜県に、その13分後の午前6時43分に長野県に出されました。私は朝起きて岐阜県と長野県に大雨特別警報が発表されていることを知り、大変驚いた記憶があります。岐阜県と長野県の大雨は、九州の大雨とは少し様子が異なっていました。球磨川流域の大雨と九州北部の大雨はいずれも、数時間から十数時間の短時間で多量の雨がいっきに降ったことが原因で発生し、大雨特別警報が発表されました。一方、岐阜県と長野県では比較的長い時間の大雨のあと、8日早朝の短時間の大雨により大雨特別警報の基準が満たされました〔大雨特別警報には、3時間と48時間の二つの基準があります（**3・4**）〕。幸いにも九州ほどの大雨災害にはなりませんでしたが、河川は増水し、川沿いの道路は冠水したところもありました。

一連の大雨が去ったあとも、しばらくは日照時間が少なく、雨が多い状態が続きましたが、大規模な災害をもたらすような大雨は起こりませんでした。ただ、7月も終わりに差し掛かった7月下旬、今度は東北地方を大雨が襲います。山形県を中心に発生した大雨では、大雨特別警報の発表までには至りませんでしたが、それでも最上川中流で氾濫が発生するなどの水害が発生しました。もともと最上川は暴れ川とも呼ばれており、松尾芭蕉の句にも「五月雨を集めて早し最上川」があります。文学に疎(うと)い私でも知っているほど有名な句です。五月雨は梅雨を表していて、まさにこのとき、梅雨の大雨で最上川が激流になりました。

1・3 東日本に豪雨をもたらした「令和元年東日本台風」

元号が令和に変わった２０１９年。この年は、梅雨末期に大規模な災害が起こるような大雨は起こりませんでした。しかし、8月26日から29日にかけて、前線の影響により九州で大雨となり、8月28日5時50分に、佐賀県、福岡県、長崎県の一部の市町村に大雨特別警報が発表されました。そして、季節が進んだ10月。もう今年はこれ以上の大雨はないだろうなと思っていた頃、日本の南の海上の様子が怪しくなってきます。10月6日に台風第19号が発生し、急速に発達しながら日本に近づいてきたのです。気象庁はのちにこの台風を「令和元年東日本台風」と名づけます。7日夜には中心気圧が９１５ヘクトパスカルにまで低下、最大風速が55メートル毎秒となり、猛烈な勢力にまで発達しました。なお、台風の強さは最大風速で分類され、台風の大きさは風速15メートル毎秒以上の強風域の広さで分類されます（**表1－2**）。気象庁は台風の進路予想を5日先まで行っています。台風第19号は早いタイミングで東海から関東を直撃する予想が出ていました。

予想通り、台風第19号は10月12日19時前に伊豆半島に上陸し、その後、関東平野を縦断。13

表1－2　台風の強さと大きさの階級分け

強さの階級	最大風速
強い	33 m/s 以上、44 m/s 未満（64 ノット～85 ノット）
非常に強い	44 m/s 以上、54 m/s 未満（85 ノット～105 ノット）
猛烈な	54 m/s 以上（105 ノット以上）

大きさの階級	風速 15 m/s 以上の半径
大型（大きい）	500 km 以上、800 km 未満
超大型（非常に大きい）	800 km 以上

日未明に福島沖に抜けていきました。上陸直前の中心気圧は955ヘクトパスカル、中心付近の最大風速が40メートル毎秒（強い勢力）、また風速15メートル毎秒以上の強風域の半径が600キロメートルの大きさ（大型）でやってきました。2021年6月時点で、強い勢力かつ大型もしくは超大型で上陸した台風は、この台風を含めて四つしかありません。大型で非常に強い勢力で北上してきたため、台風が上陸する12時間以上前から関東地方を中心に大雨となりました。さらに、関東甲信地方から福島県あたりまでのびる局地的な前線や、関東山地の地形の影響で上昇気流が持続したこと、台風の中心付近の雨雲（壁雲）がかかったことなどが原因で、記録的な大雨となりました（**図1－3**）。その結果、神奈川県箱根では10月12日の日降水量が922・5ミリに達し、それまでの全国歴代1位の記録を塗り替えました。また、期間を通した総降水量は1001・5ミリと、1000

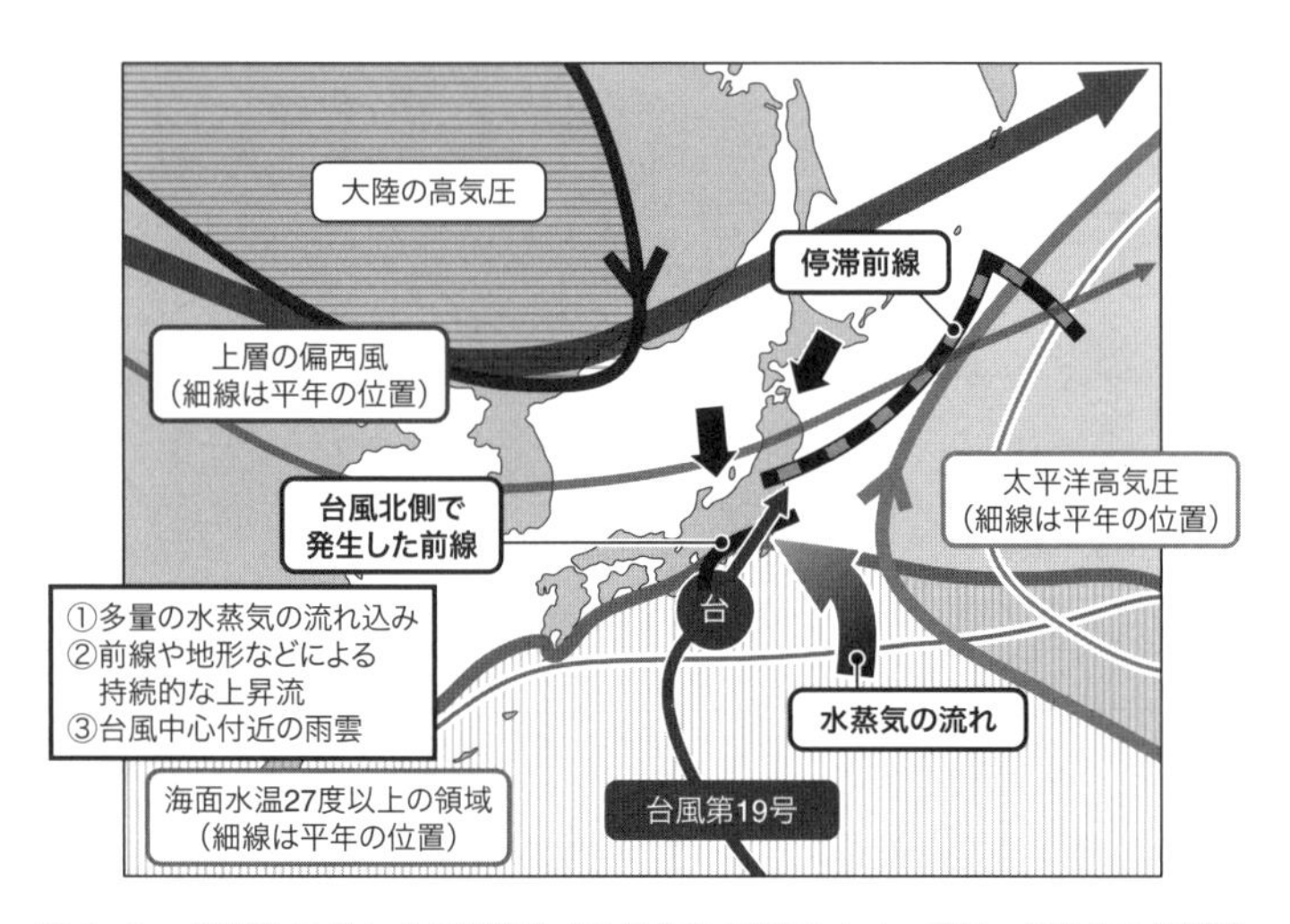

図 1－3　台風第 19 号による記録的大雨の気象要因のイメージ図。気象庁の報道発表資料[4]を参考に作成。

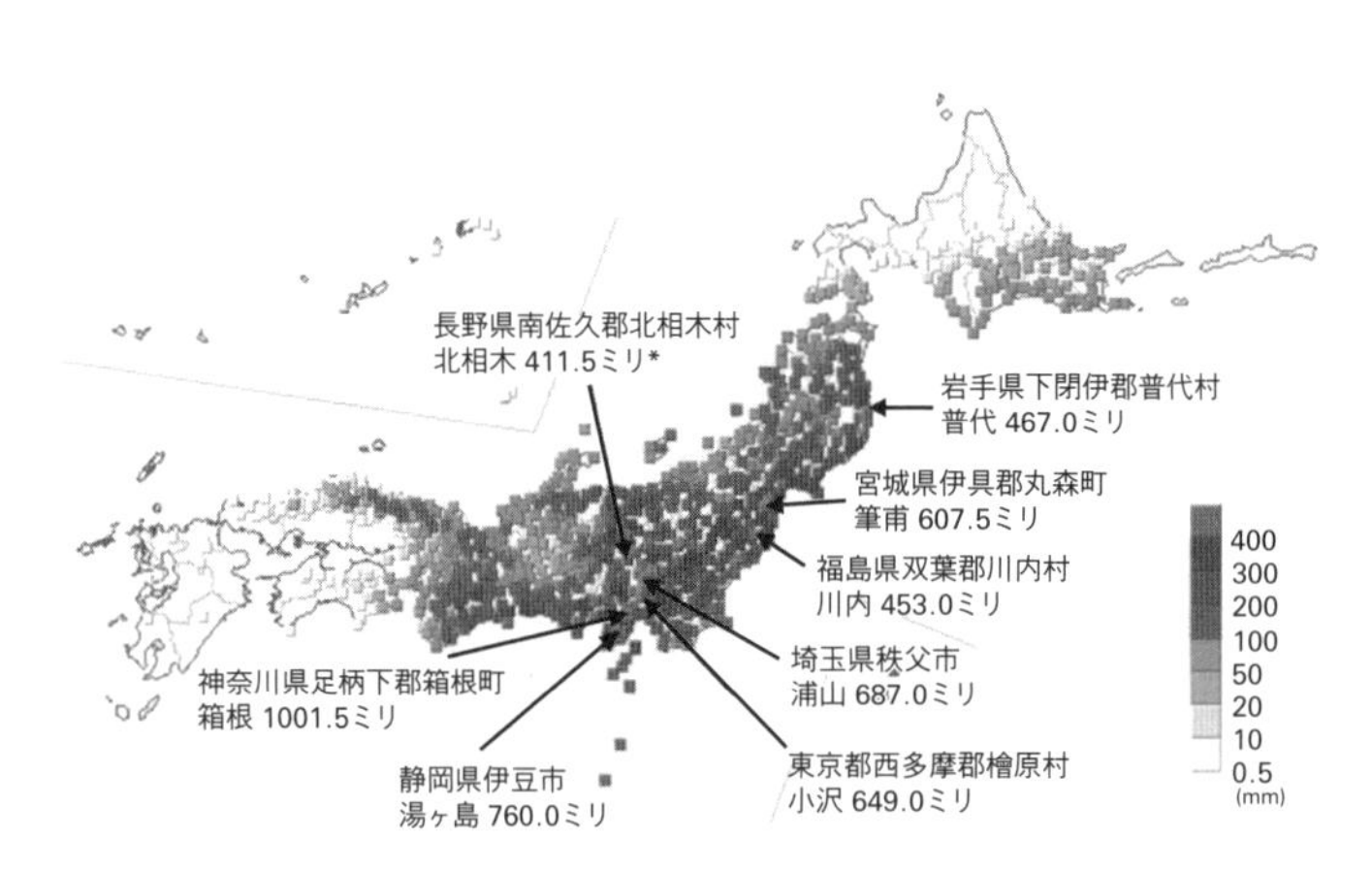

図 1－4　台風第 19 号による降水量の期間合計値。2019 年 10 月 10 日～13 日。＊は欠損が含まれる（資料不足値）。気象庁報道発表[4]を一部改変。

ミリを超えました。このほか、東海から関東、東北の広い範囲で総降水量が500ミリを超え（**図1－4**）、10月12日に北日本と東日本のアメダス地点で観測された日降水量の総和は観測史上1位でした（1982年から2019年までの期間で比較可能な613アメダス地点）。この大雨により、1都12県（静岡県、神奈川県、東京都、埼玉県、群馬県、山梨県、長野県、茨城県、栃木県、新潟県、福島県、宮城県、岩手県）に大雨特別警報が出される異常事態となります。ひとつの台風がもたらした豪雨によって、50年に一度の大雨で発表される特別警報が13もの都県に発表されたのは衝撃でした。

ここまでの雨が降ると当然、河川も耐え切れず、多くの河川が氾濫。堤防の決壊は、国が管理する7河川12カ所、県が管理する67河川128カ所の計140カ所に上りました。これは次に紹介する平成30年7月豪雨の37カ所を大きく上回ります[5]。とくに長野県の千曲(ちくま)川や福島県の阿武隈川、茨城県の久慈川では堤防が決壊し、甚大な被害が発生しました。なお、令和元年東日本台風による大雨には地球温暖化の影響があった可能性があります。これについては第5章でくわしく紹介します。

2019年に日本に大きな被害をもたらした台風は、第19号だけではありません。台風第19号が襲来する1カ月前、台風第15号が関東を襲っています。台風第15号は神奈川県の三浦半島を通過したあと、東京湾に入り、千葉県千葉市付近に上陸しました。台風第19号のような大型の台風ではありませんでしたが、中心気圧が955ヘクトパスカル、最大風速45メートル毎秒の非常に強い勢力で東京湾を北上したために（上陸時は960ヘクトパスカルの強い勢力）、台風の進行方向の右側にあたる房総半島で記録的な暴風が吹きました。千葉市では最大瞬間風速57・5メートル毎秒を記録し、観測史上1位の値を更新しました。甚大な被害が出た台風として、気象庁はこの台風を「令和元年房総半島台風」と命名しています。平成の間は気象庁が名称をつけた台風はゼロでしたが、令和に入って立て続けにふたつの台風に名称がつけられました。

ところで、日本では台風○号と数字で呼ぶことが一般的ですが（正式には第○号）、これとは別にアジア名もつけられています。アジア名は世界気象機関の台風委員会に加盟する14カ国からそれぞれ10個、計140個の名前が提案されており、順番に名づけられます。140個目をつけたあとはまた最初に戻ります。その目的として、「アジア各国・地域の文化の尊重と連帯の強化、相互理解を推進すること」「アジアの人々になじみのある呼び名をつけることによって人々の防災意識を高めること」があります。[6] 今回の令和元年台風第19号にはフィリピンが提案したハギビス（Hagibis：すばやいの意）、第15号はラオスが提案したファクサイ（Faxai：女性の名前）がついており、国際的にはこちらのほうがよく用いられるように思います。なお、甚大な災害をもたらした場合はそのアジア名は廃止され、代わりに新しい名称が提案されます。

1・4 西日本等に豪雨をもたらした「平成30年7月豪雨」

２０１８年夏、関東地方に住んでいる私は、梅雨明けの早さに驚かされました。関東甲信地方では6月28日に梅雨明けの発表があり、観測史上初めて6月に梅雨が明けました。今年はこれから暑い日が長く続くのかと思った記憶があります。実際、この夏は7月中盤から厳しい猛暑に見舞われ、7月23日には埼玉県熊谷市で当時の歴代最高気温を更新する41・1度を記録しました。この記録は２０２１年6月時点ではまだ更新されていませんが、２０２０年8月17日に静岡県浜松市で同じ41・1度が観測され、タイ記録となっています。

さて、梅雨明けした関東とは対照的に、いつもは関東甲信より早く梅雨が明ける九州で、7月になってもまだ梅雨明けの気配がありません。それどころか、週間予報では雨のマークが並んでいます。そして、7月2日から4日に台風第7号（プラピルーン）が、南西諸島から九州のすぐ西の海上を通過したあと、平成30年7月豪雨の本番が始まります。気象庁が定めた平成30年7月豪雨の期間は6月28日から7月8日ですので、この台風による雨も含まれています。ちなみに、北海道では、6月末から台風第7号が温帯低気圧に変わって抜けるまでの期間に降った雨が、平成30年7月豪雨の大部分を占めています。

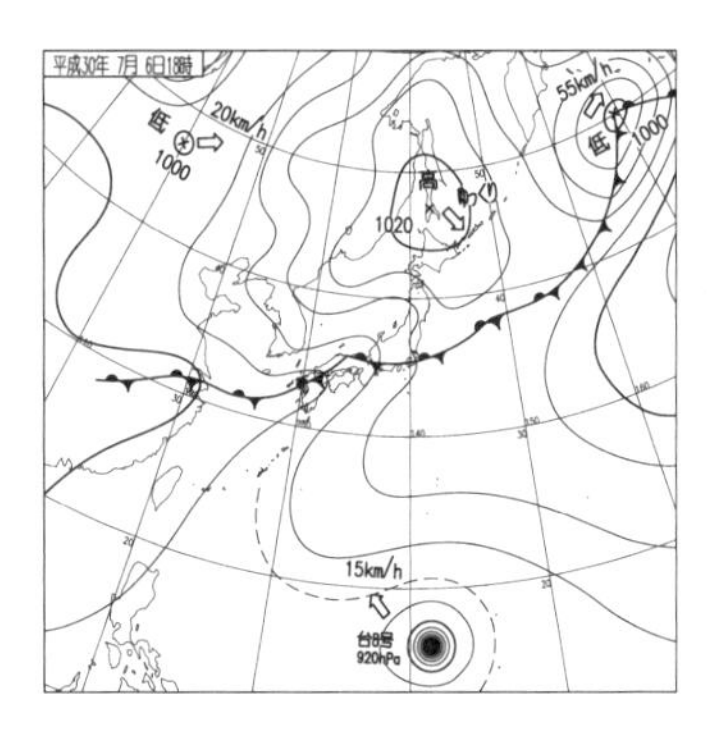

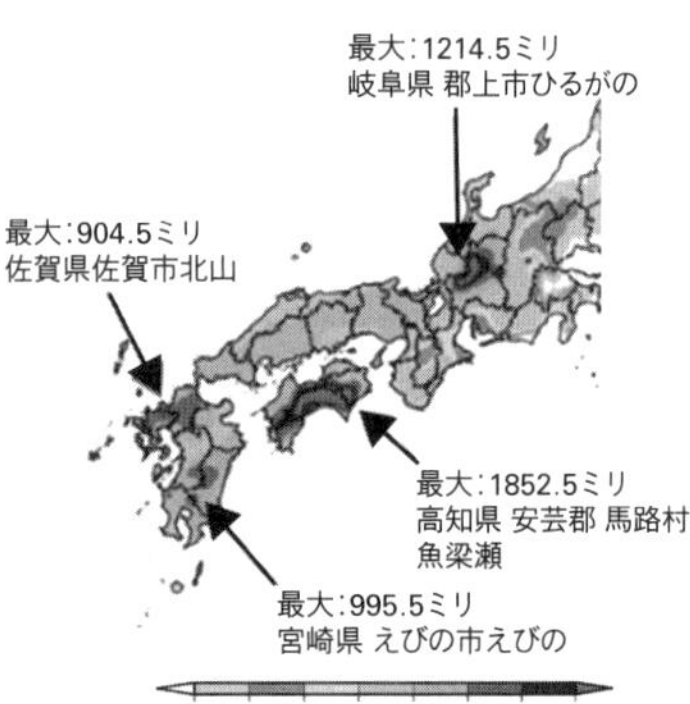

図1－5 2018年7月6日18時の地上天気図（左）と「平成30年7月豪雨」の期間（2018年6月28日から7月8日）の降水分布（右）。右図は気象庁報道発表(7)の図1－1－1から東日本と西日本を切り出して作成。

平成30年7月豪雨の期間中にもっとも多くの雨が観測されたのは、四国の山沿いです。高知県安芸郡馬路村魚梁瀬では、この期間の総降水量が1852・5ミリに達しました（**図1－5**）。しかし、もっとも被害が出たのは、高知県ではなく、瀬戸内や愛媛県の肱川流域です。もともと降水量が少ない瀬戸内地域に72時間で400ミリを超える大雨が降ってしまったのです。これによって河川の氾濫や土砂崩れがいたるところで発生。岡山県倉敷市では高梁川が氾濫し、堤防の決壊や越水などにより甚大な被害が出ました。

平成30年7月豪雨の特徴は、短時間の雨量としてはそれほど突出することはなく、一定量の大雨が比較的長い時間降り続いたことです。観測史上1位を更新したアメダス地点は、72時間降水量が122地点、48時間降水量が124地点であった一方、24時

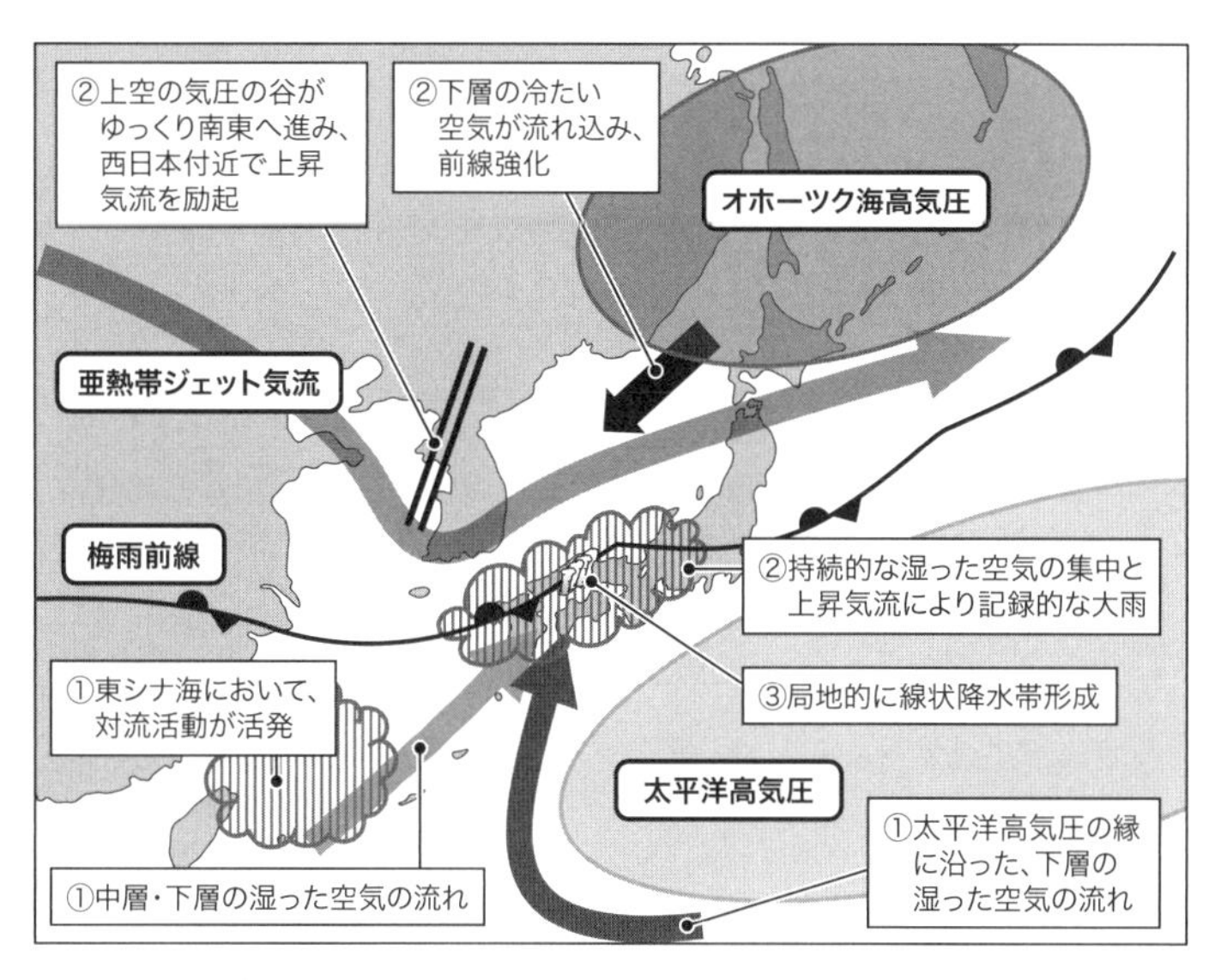

図1－6　2018年7月5日から8日の記録的な大雨の気象要因のイメージ図。気象庁報道発表[7]を参考に作成。

間降水量の更新は76地点でした。この一連の大雨により、気象庁は1府10県（岐阜県、京都府、兵庫県、岡山県、鳥取県、広島県、愛媛県、高知県、福岡県、佐賀県、長崎県）に大雨特別警報を発表しました。このような大規模な大雨は今後しばらく起きないだろうと思っていた矢先に起こったのが、さきほど紹介した令和元年東日本台風による大雨です（**1・3**）。

気象庁はこの大雨の要因を**図1－6**のようにまとめています。まず、太平洋高気圧を回る空気の流れと、南シナ海から沖縄を通り本州に向かう空気の流れが西日本で合流し、それらが持続的に多量の水蒸気を運びました。南からの多量の水蒸気の流れ込みは、最近では大気の川と呼ばれています（2・12）。そして、本州に停滞した梅雨前線付近で、上昇気流が持続し、雨雲が発達しました。また時間帯によっては線状降水帯が形成され、雨が強まりました。ただ、平成30年7月豪雨の西日本の大雨では、降水全体に対する線状降水帯の寄与はそれほど大きくはなかったこともわかっています[7]。

1・5 線状降水帯が注目された「平成29年7月九州北部豪雨」

平成30年7月豪雨のちょうど1年前、九州北部を中心に狭い範囲で多量の雨が降りました。「平成29年7月九州北部豪雨」です。この豪雨では、福岡県と大分県、島根県に大雨特別警報が発表されました。とくに雨量が多かったのが福岡県朝倉市で、わずか1日で降水量が500ミリを超える大雨となりました。令和元年東日本台風や平成30年7月豪雨の降水量の値を見ると、500ミリはそこまでたいしたことがないように感じられるかもしれません。しかし、平成29年7月九州北部豪雨の特徴は、短時間に猛烈な雨が降ったことです。朝倉市ではピーク時に、1時間に129・5ミリの猛烈な雨を観測しました。

九州北部で大雨となった7月5日から6日にかけては、梅雨前線が朝鮮半島から中国、近畿、東海を通り、関東南部にのびていました。大雨はこの梅雨前線の直下ではなく、前線の南側に

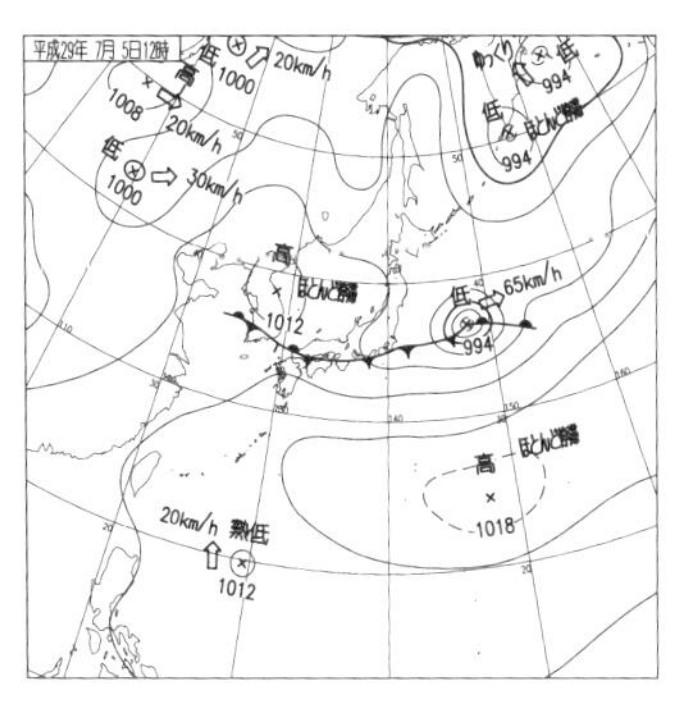

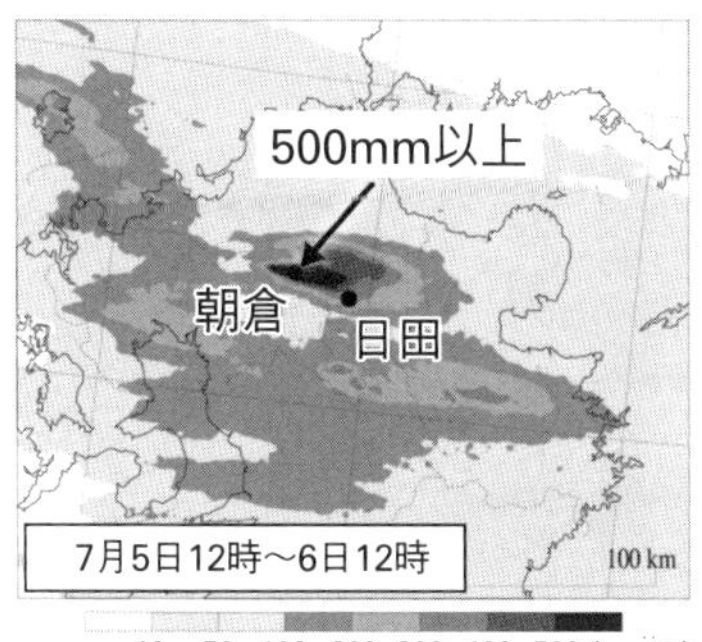

図１－７ 2017年7月5日12時の地上天気図（左）と7月5日12時から6日12時までの24時間積算降水量（解析雨量）（右）。右図は気象研究所報道発表[8]をもとに作成。

１００から２００キロメートル離れた場所で発生しました（**図１－７**）。大気下層に多量の水蒸気が流れ込み、上空には平年よりも冷たい空気が流れ込んだために、大気の状態が非常に不安定になり、積乱雲が発達しやすい状態になったと分析されています[8]。

ただ、大雨の場所は九州北部の中でも朝倉市や大分県日田市周辺のかなり狭い範囲に集中しています。このような局地的な大雨をもたらしたのが線状降水帯です（**２・９**）。積乱雲が次々と発達し、朝倉市や日田市あたりに線状の列をなして降水域が長時間停滞してしまったことで、記録的な大雨となりました。いわゆるバックビルディング型で形成された線状降水帯です（**２・９・１**）。当時、この豪雨のインパクトは大きく、２０１７年のユーキャン新語・流行語大賞に「線状降水帯」がノミネートされました（残念ながらトップテンには選ばれませんでした。

ちなみにこの年の大賞は、「インスタ映え」と「忖度」です）。似たような豪雨は平成24年7月にも起こっています。このときは福岡県、熊本県、大分県、佐賀県で大雨となり、「平成24年7月九州北部豪雨」と名づけられています。

1・6 鬼怒川が氾濫した「平成27年9月関東・東北豪雨」

関東地方や東北地方では、令和元年東日本台風が襲来する4年前にも記録的な大雨が降っています。「平成27年9月関東・東北豪雨」です(9)。この豪雨では、関東地方を流れる鬼怒川が決壊し、茨城県常総市などで洪水が発生しました。決壊した堤防のすぐそばで、白い家だけがひとつ流されずに残っていた様子が印象に残っている人もいるでしょう。

このときの天気図を見てみましょう（**図1-8**）。日本海には低気圧（前日、愛知県に上陸して日本海に抜けた台風から変わった低気圧）、関東の南東の海上に台風があるものの、関東周辺はとくに目立った特徴はありません。天気図を見るだけでは、まさか鬼怒川が氾濫するほどの大雨が降るとは思えないでしょう。しかし、ちょうど低気圧と台風第17号の間に位置していた関東地方に、南東から暖かく湿った空気が継続的に流れ込み、南北に伸びた降雨域ができました。気象庁気象研究所の分析によると、その降雨域の中で多数の線状降水帯が発生し、降水の集中が

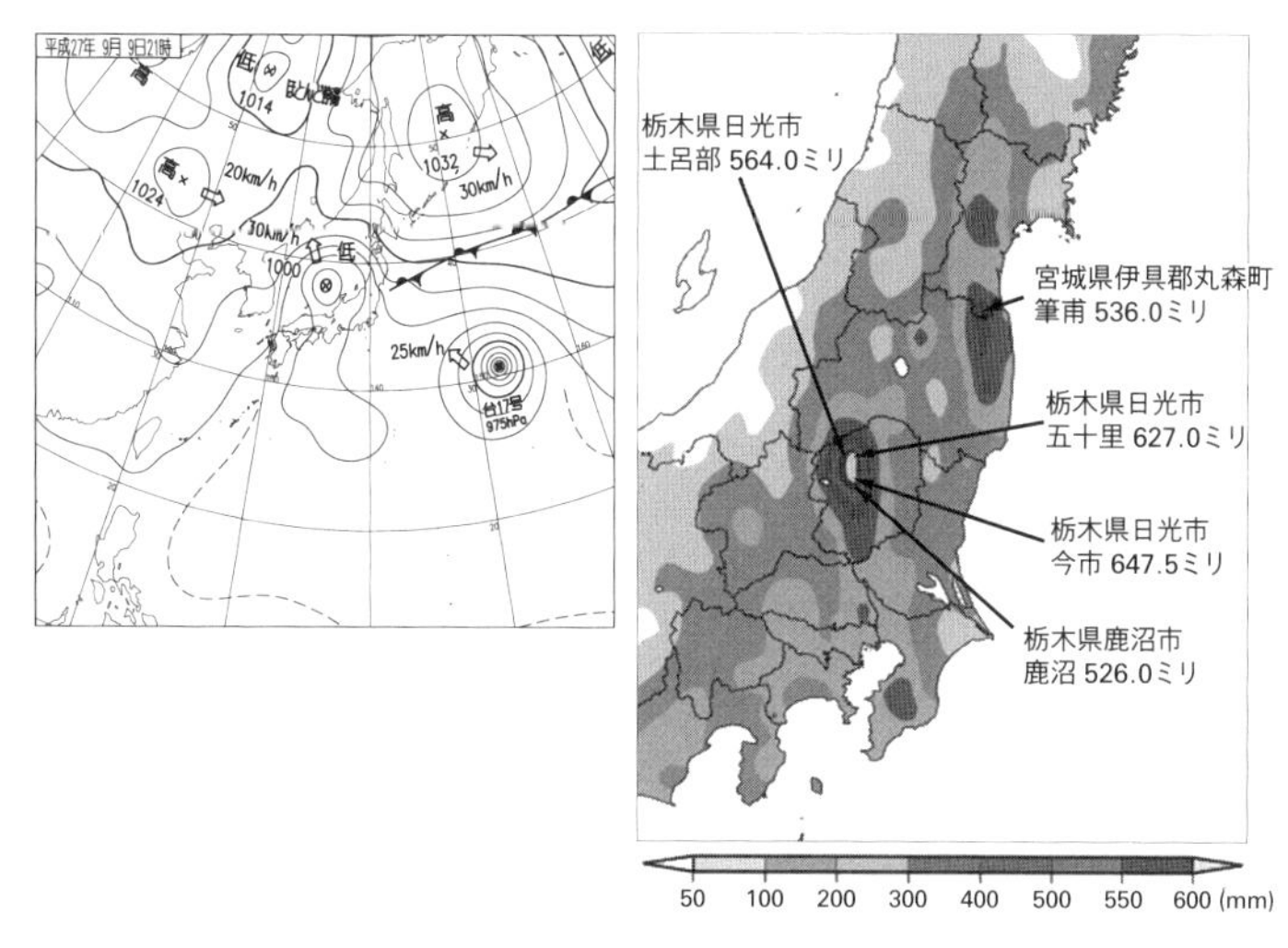

図 1－8 2015 年 9 月 9 日 21 時の地上天気図（左）と期間積算降水量の分布図（9 月 7 日から 11 日）（右）。右図は気象庁の資料[10]をもとに作成。

引き起こされました。そして運の悪いことに、この降雨域がちょうど栃木県から茨城県にかけての鬼怒川流域に停滞してしまったため、鬼怒川の氾濫を引き起こしました。

この大雨では、9月10日に大雨特別警報が栃木県と茨城県に発表されました。翌日の9月11日、台風第17号からの水蒸気の流れ込みが北に移り、宮城県でも豪雨が発生。宮城県に大雨特別警報が発表されました。

私が住んでいる茨城県つくば市は、鬼怒川の堤防が決壊した常総市に隣接しています。10日の朝、つくば市から常総市の方向を見ると、怪しい灰色の雲が南から北に伸びている様子が見えました。

この豪雨は前日にはある程度予測されていました。私は気象庁の数値予報モデル

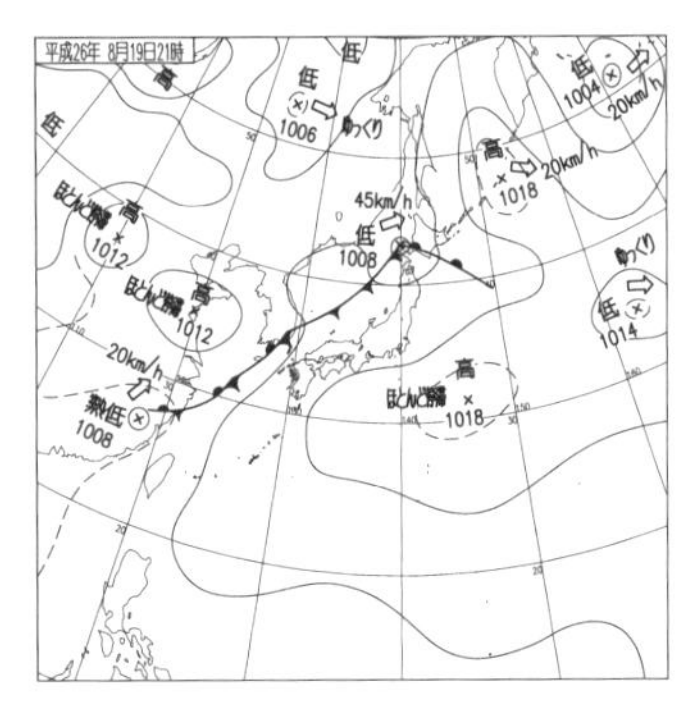

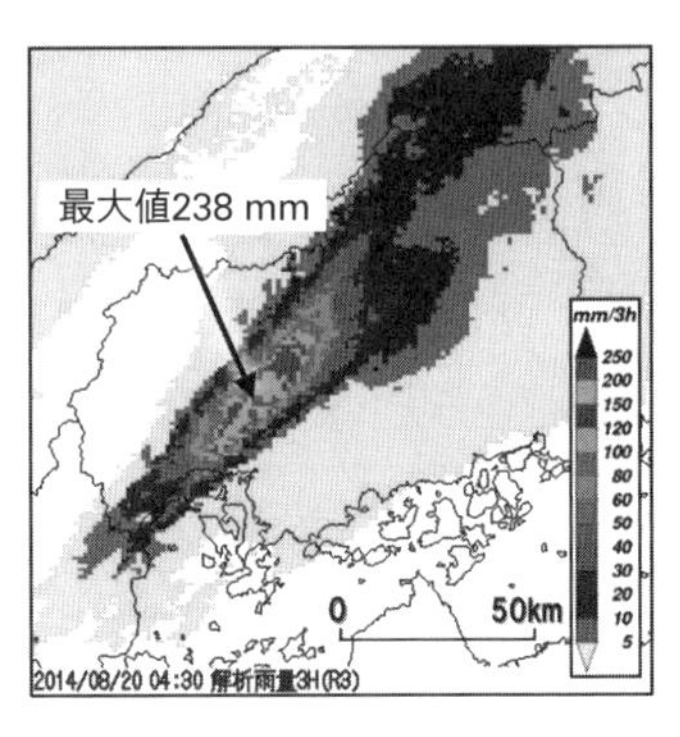

図1－9　2014年8月19日21時の地上天気図（左）と8月20日1時30分から4時30分の積算降水量分布（ミリ）（右）。右図は気象研究所報道発表[11]をもとに作成。

（3・3）が予測した降水量を見て、もし予想通りになればとんでもない量の雨が関東地方に降るぞ、と思ったことを今でも覚えています。

1・7　広島豪雨をはじめとする「平成26年8月豪雨」

平成30年7月豪雨では広島県や岡山県で大きな被害が出ましたが、その4年前の2014年8月にも、広島で災害を引き起こす豪雨が発生していました。「平成26年8月豪雨」です。気象庁は、平成26年8月豪雨を「平成26年7月30日から8月26日にかけて発生した大雨」と定義しており、8月19日から20日に発生した広島の豪雨はそのうちのひとつにあたります。広島県では8月20日の未明から明け方にかけて、3時間で200ミリを超える大雨となりました。この日は、北海道にある低気圧から前線が日本海を通って東シナ海にのび、大雨はその南側約300キロメートルの場所で発生しました。広島県と山口県の県境付近では、積乱雲が次々と発生して一列に並び、九州北部豪雨（**1・5**）同様に線状降水帯が形成されました（**図1-9、口絵「線状降水帯」上**）。この線状降水帯によって、広島市安佐北区三入（みいり）のアメダスでは、ピーク時、1時間に101ミリの猛烈な雨を観測したほか、県が設置した三入東の雨量観測局では午前4時までの1時間に121ミリもの雨量を観測しました。

線状降水帯が発生した場所は、前線に沿って存在していた、幅約500キロメートルの上空の湿った領域の南側で、ちょうど豊後水道から広島市に向けて、多量の水蒸気が流れ込んだ時間帯に発生しています。この豪雨によって、広島市安佐南区や安佐北区では土石流やがけ崩れなどの土砂災害が発生し、死者77名、建物（住家）の全壊179棟、半壊217棟の被害が出ました[12]。ただ、長さ100キロメートル程度の狭い範囲で発生した平成29年7月九州北部豪雨と同様、この豪雨も南西から北東にのびる幅20～30キロメートル、長さ約100キロメートルの範囲に限定されたものでした。

1・8 梅雨末期に新潟と福島を襲った「平成23年7月新潟・福島豪雨」

豪雨は東日本や北日本の日本海側でも起こります。2011年7月28日から30日にかけて、

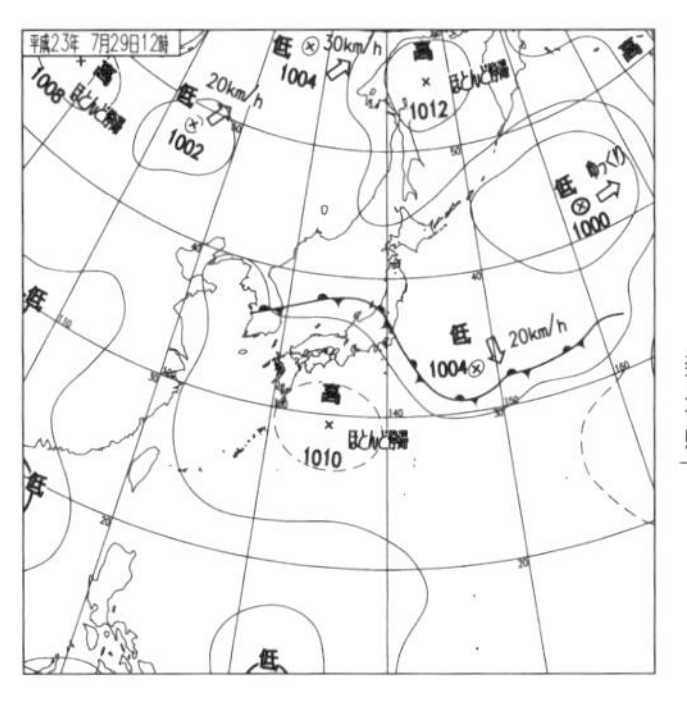

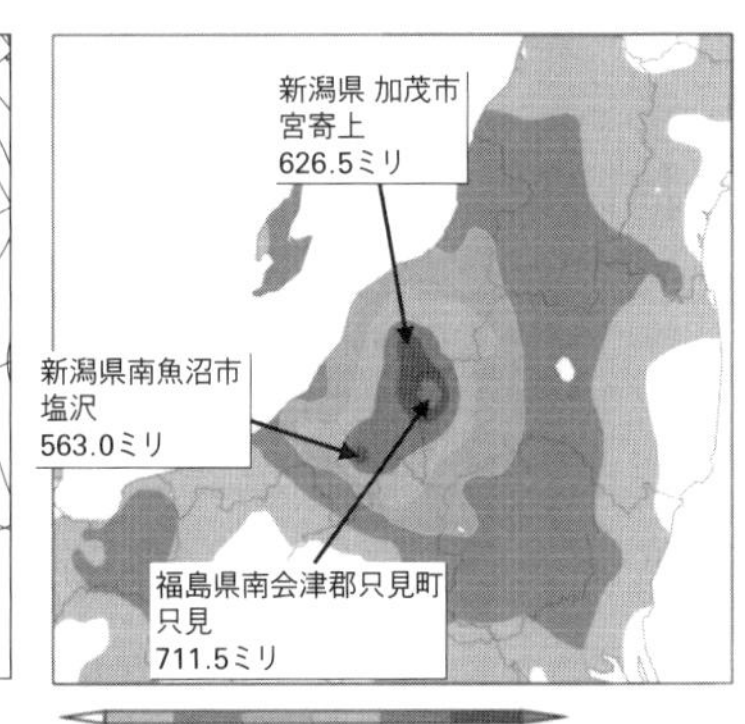

図1－10 2011年7月29日12時の地上天気図（左）と7月27日から30日までの総降水量分布（ミリ）（右）。右図は気象庁の資料(13)をもとに作成。

梅雨前線が新潟県から福島県にかかり、新潟県と福島県会津地方を中心に大雨となりました（**図1－10**）。期間積算した降水量は、福島県只見町只見で711・5ミリ、新潟県加茂市宮寄上で626・5ミリと、7月の月降水量の2倍以上の降水量を観測し、72時間降水量は新潟県と福島県会津地方の多くの地点で観測史上1位を更新しました。新潟県十日町市では、1時間に121ミリの猛烈な雨も観測されています（こちらも観測史上1位を更新）。この豪雨では、死者4名、行方不明者2名、住家全壊74棟、半壊1000棟、一部損壊36棟、床上浸水1082棟、床下浸水7858棟などの被害が発生しました(14)。

新潟・福島豪雨の要因となったのも、バックビルディング型で形成された線状降水帯です（**2・9・1**）。29日朝から新潟市あたりを起点に発生した線状降水帯は、全長が約200キロメートルで9時間以上も停滞しました。新潟・福島豪雨では、この線状降水帯のほかに、複数の線状の形状をした降水帯が形成されたと分析されています[15]。新潟県や福島県では、類似の豪雨が2004年7月にも発生しました（「平成16年7月新潟・福島豪雨」）。このときも梅雨前線が新潟県から福島県にかかり、2011年7月とほとんど同じような場所で大雨が降りました。2004年7月は新潟・福島豪雨のすぐあとには福井県を中心とした豪雨も発生しており、「平成16年7月福井豪雨」と呼ばれています。一方、気象庁が名称を定めた豪雨ではありませんが、1998年8月にも新潟県下越（かえつ）や佐渡を中心に記録的な豪雨が発生しています。新潟市（新潟地方気象台）では日降水量が265ミリを観測し、1886（明治19）年の観測開始以降の1位の記録となりました。この記録は2021年6月現在もまだ更新されていません。

梅雨前線は通常では7月中旬以降北上し、北陸や東北の日本海側にかかりやすくなります。梅雨前線がかかれば毎回豪雨になるわけではありませんが、北陸や東北で豪雨になるパターンのひとつであることは間違いないでしょう。

1・9　令和と平成、昭和の豪雪

ここまでは豪雨について見てきました。四季の明瞭な日本では、夏の大雨に加えて、冬は大

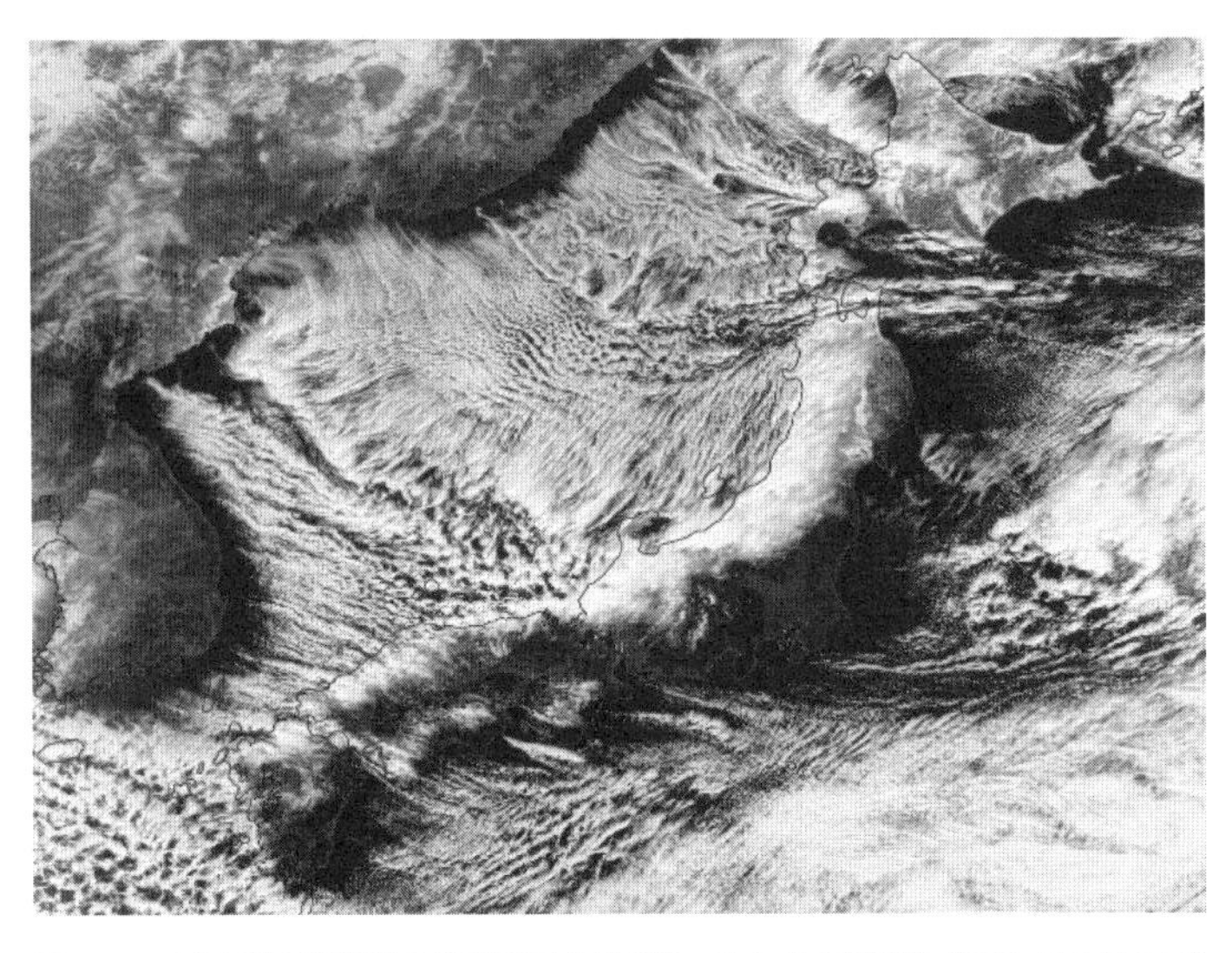

図1－11　富山県と新潟県の沿岸部で大雪が降ったときの雲画像（2021年1月9日）。NASA Worldview[16]の画像を一部切り取り。

雪に襲われることがあります。２０２０年12月半ば、新潟県中越と群馬県北部で大雪が降り、群馬県みなかみ町藤原では、48時間で１９９センチの降雪量を観測しました。12月15日午前1時に0センチだった積雪が、24時には１１７センチまで増え、翌16日の24時には１９２センチ、17日には最大で２０８センチまで増えました。新潟県津南(つなん)町でも14日に0センチだった積雪が16日の夜には１７１センチにまで増えたのです。津南町やみなかみ町はもともと豪雪地帯であり、平年の年最深積雪は２００センチを超えます。しかし、２００センチもの雪がわずか2、3日で積もると、いくら雪に慣れた豪雪地帯であっても、対応しきれなくなります。このときは関越自動車道で車の立ち往生が発生し、ドライバーが長時間、車の中に取り残される状況が発生しました。いったん車が止まってしまうと、高速道路上に多量の雪が積もってしまうため、もはや自力での脱出が不可能になります。

また、年が明けた2021年1月には新潟県上越から富山県にかけての平野部が大雪に見舞われました。この大雪をもたらしたのが日本海寒帯気団収束帯（JPCZ）です（**2・13・2**、**図1－11**）。JPCZによる大雪は2018年にも発生しています。このときは福井市で積雪が147センチに達し、1981年以来の大雪となりました。ただ、いずれの大雪も短期間で発生したいわゆるドカ雪で、名称はつけられていません。

過去に日本で起こった豪雪で有名なものとしては、平成18年豪雪や昭和56年の五六豪雪、昭和59年の五九豪雪、昭和38年の三八豪雪などが挙げられます。平成18年豪雪と昭和38年の豪雪（昭和38年1月豪雪）は、気象庁が名称をつけた豪雪です。豪雪で名称がつけられたのは、2021年6月現在、このふたつしかありません。

平成18年豪雪では、2005年12月を中心に強い冬型の気圧配置が継続し、日本海側の山沿いに多量の雪を降らせました。新潟県津南町では12月の段階で積雪が324センチメートルに達し、年が明けた2月に最深積雪416センチメートルを観測しました。同県の越後湯沢でも358センチの最深積雪を観測しています。いずれも観測史上1位の記録でした。

1・10 2010年以前の記録に残る豪雨

ここまで見てきた豪雨はすべて2010年以降に起こった豪雨でした。しかし、2000年以前にもこれらに匹敵する、あるいはこれらを超える豪雨は起こっています。たとえば、1982年に発生した「昭和57年7月豪雨」。梅雨末期に九州北部で発生した豪雨です。長崎市では7月23日に1時間に100ミリを超える猛烈な雨が3時間あまり続き、長崎市を中心に死者・行方不明者合わせて299名の人的被害が出ました。[17] この豪雨は「長崎大水害」とも呼ばれています。私は当時1歳でしたのでさすがに覚えていません。

長崎県では長崎大水害の25年前にも豪雨が発生しています。1957年7月に長崎県諫早市を中心に発生した諫早豪雨。諫早水害とも呼ばれます。諫早豪雨は、死者705名、行方不明者77名、床上浸水1万755棟、床下浸水1万9809棟[18]もの被害が出た大水害でした。このころはまだ気象レーダーが整備されていませんが、当時の降水量の観測から、大雨は大村市から諫早市、島原市、熊本市を結ぶ円弧状の幅約20キロメートル、長さ約100キロメートルの細長い帯状の地域に集中していたことがわかっています。[18]

2000年9月には愛知県を中心に大雨が降りました。東海豪雨と呼ばれています。東海豪雨は台風と秋雨前線の組み合わせで発生した豪雨です。台風＋梅雨前線、台風＋秋雨前線のセットは、たびたび豪雨をもたらします。東海豪雨発生時、台風はまだ沖縄の東の海上にありました。ただ、この台風周辺からの暖かく湿った空気が、梅雨前線に向かって多量に流れ込み、秋雨前線の活動が活発化。愛知県や三重県を中心に大雨に見舞われました。このときの名古屋市の24時間降水量は最大で534・5ミリ、1時間降水量は97・0ミリで、いずれも1890年（24時間降水量は1881年）の観測開始以降1位の記録です。これらの記録は2021年6月でもまだ更新されていません。ちなみに、534・5ミリは、名古屋市の1890年から2021年までの約130年間の月降水量の上位5位に相当する（5位は530・0ミリ〔2017年10月〕）ので、このときに降った雨がいかに多かったのかがわかります。この豪雨によって愛知県では7人の死者、住家の全壊18棟、半壊156棟、床上浸水2万2077棟、床下浸水4万401棟の被害が出ました[19]。

昭和50年以前を見ると、豪雨よりも台風による災害が目立ってきます。昭和36年の第二室戸台風、昭和34年の伊勢湾台風、昭和33年の狩野川台風は、その名称を聞いたことがある人も多いでしょう。

1・11 近年多発する豪雨と特別警報の制定

気象庁は度重なる気象災害に対して、2013年8月30日から「特別警報」の運用を開始しました。特別警報については**3・4**でも紹介するので、ここでは簡単に概要だけ紹介します。特別警報は、警報の発表基準をはるかに超える数十年に一度の大雨や大雪、台風や温帯低気圧による暴風、高潮、高波が予想され、重大な災害が発生するおそれが著しく高まっている場合に発表されます。気象庁から出される最大級の警戒情報です。特別警報は「大雨」「暴風」「波浪」「高潮」「大雪」「暴風雪」の6種類です。警報や注意報とは違い、特別警報は発表される時点ですでに甚大な災害が発生あるいは間近に迫っています。自治体の避難指示がすでに出ているはずですので、特別警報が発表される前には避難を完了していることが望まれます。もし避難できていない場合は、通常の避難場所にこだわらず、自宅の安全な場所、あるいは近くの安全な建物に移動するなど命を守る行動をとるようにしてください。

1・12 豪雨を理解するために

ここまで、近年発生した豪雨を中心に振り返ってきました。地球温暖化に伴う気候変動が注目される昨今、このような豪雨が地球温暖化によって起こったのかどうかが気になる人は多いでしょう。テレビやインターネットなどのメディアの情報を見ると、地球温暖化が原因で豪雨が発生した、地球温暖化によって豪雨が強化された、豪雨と地球温暖化は関係ないなど、いろいろな情報が飛び交っています。

国際的に地球温暖化の脅威が叫ばれる中で、近年発生した豪雨を地球温暖化と結びつけたくなる気持ちはわかります。ただ、このふたつを安易に結びつけるのは危険です。地球温暖化が豪雨や豪雪とどのように関係しているかを知るためには、まずは大雨がどのような要因で発生しているかを理解する必要があります。そのうえで、これまでの観測や気候モデルを用いたシミュレーション（気候モデルについては第4章でくわしく説明します）、温室効果ガスが増加した場合の将来予測結果などをもとに、地球温暖化と豪雨の関係をしっかりと見ていかなければなりません。少なくとも、近年発生した豪雨の主要因が地球温暖化ではないことは断言できます。では、地球温暖化はどのように豪雨に影響を与えているのでしょうか。本書ではここに焦点を当てて見ていきます。

第2章

豪雨はなぜ発生するのか？

大河川が氾濫するほどの豪雨はどうして発生するのでしょうか。本章では雨が降るしくみから積乱雲の発達、豪雨の要因となる線状降水帯に至るまでの過程を見ていきます。本章の内容は、第4章以降の地球温暖化と豪雨の関係を紐解く手がかりにもなるでしょう。

2・1 雨のもとになる水蒸気

みなさんご存じの通り、雨のもとは水蒸気です。単純に言うと、水蒸気が多ければ大雨になりやすく、水蒸気が少ないと雨は降りません。そして、大気中に含むことのできる水蒸気の量は気温によって決まり、気温が高いほどたくさんの水蒸気を大気に含むことができます。実際、夏に、1時間に100ミリや1日に300ミリの雨が降ることがあっても、冬の寒い時期にこのような大雨が降ることはきわめて稀(まれ)です（ただ、ここ数年、たまに発生しています）。気温と飽和水蒸気圧の関係を描いた図を見ると、気温が上がるにつれて飽和水蒸気圧の増加が急になっていることがわかります（**図2－1**）。ここでは、大気中に含むことができる水蒸気の量を飽和水蒸気圧という形で表現していますが、水蒸気量と同等のものと考えていただいて大丈夫です。飽和水蒸気圧は100度で大気圧（およそ1013ヘクトパスカル）となります（水が沸騰する温度）。気温と飽和水蒸気圧との関係を示す式は、**クラウジウス-クラペイロン（Clausius-Clapeyron）の関係式**と呼ばれています（**図2-2**）。クラウジウスとクラペイロン

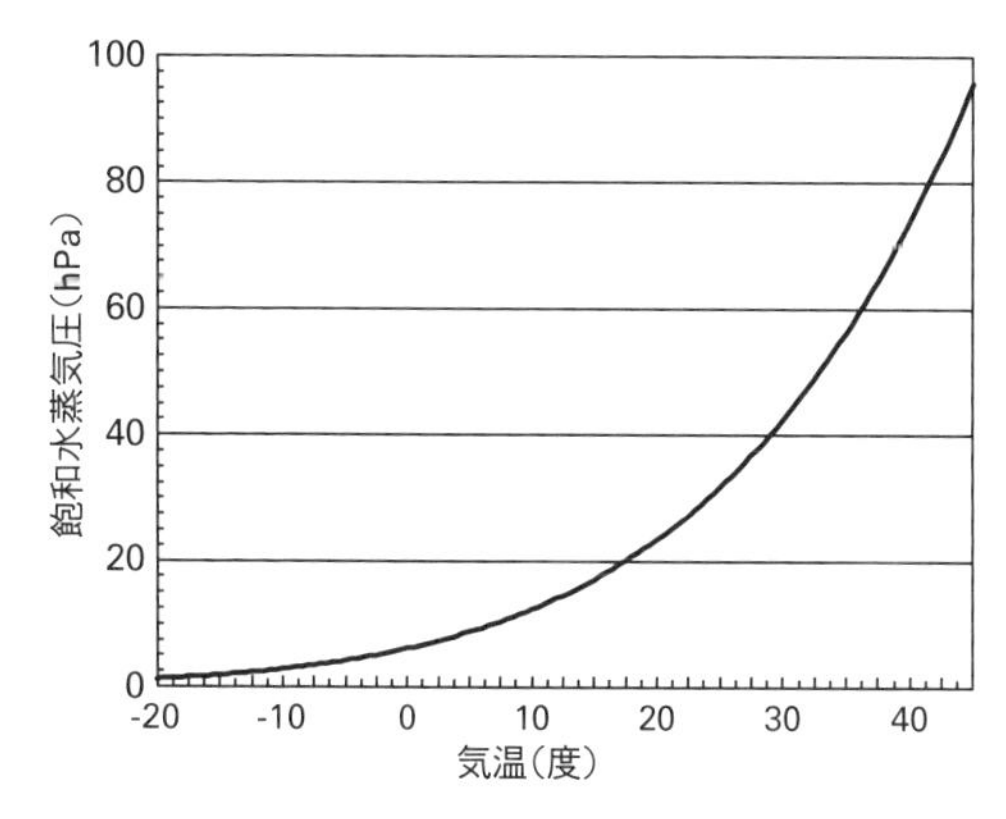

図2－1　水の飽和水蒸気圧と気温の関係。テテンの実験式をもとに作成。

クラウジウスークラペイロンの関係式

$$\frac{de_s}{e_s} = d\ln e_s = \frac{L_v}{R_v T^2}\,dT$$

e_s：飽和水蒸気圧（hPa）
L_v：凝結の潜熱（≒ 2.5 × 10^6 J/kg）
R_v：水蒸気の気体定数（461 J/kg/K）
T　：気温（K）

テテン（Teten）の実験式

$$e_s = 6.11 * \exp\left(\frac{17.27(T-273.15)}{T-35.86}\right)$$

図2－2　クラウジウス-クラペイロンの関係式とテテンの実験式。

は発見した人の名前です。微分が入った一般にはなじみのない式ですが、参考までに紹介します。なお、本書で数式が登場するのはここだけです。実際には、これから出てくる話のほとんどが、このような微分や積分の式を用いて説明されています。

気温が10度のときの飽和水蒸気圧を基準とすると、クラウジウス－クラペイロンの関係式から、気温が1度上昇すると飽和水蒸気圧がおよそ7パーセント増加することがわかります。気温が10度よりも高くなると、7パーセントよりも小さい値になることもわかります。気温と大気中の水蒸気量に関係があることが、地球温暖化と豪雨を結びつける重要な視点となります。クラウジウス－クラペイロンの関係式は、熱力学第一法則（エネルギーの保存則）などから導き出される式ですが、このほかに**図2－2**のテテンの実験式（経験式）などのいくつかの経験式がつくられて、実際に用いられています。

クラウジウス－クラペイロンの関係式は、気温と大気中に含むことのできる水蒸気の量の関係を示したものであり、実際に大気中に含まれる水蒸気の量を示すものではありません。気温が高くても水蒸気がほとんど含まれていない場合もあります（たとえば高温の砂漠など）。（相対）湿度が低い状態です。つまり、この関係式は、10度と40度では、同じ湿度100パーセントでも含まれている水蒸気の量が大きく異なる（40度のときは10度のときのおよそ6倍）ことを意味しています。また、たとえ大気中にたくさん水蒸気があったとしても、それだけで豪雨が発生するわけではありません。単に蒸し暑いだけです。水蒸気は上空で雲に変わり、その雲が雨粒や雪、あられに成長します。成長して大きくなったものが落下し、落下中に気温が0度を超えると、雪やあられは融けて雨粒に変わります。そして地上まで落ちて雨として観測されます。落ちてくる雨粒の量が多く、長く続けば大雨です。つまり、水蒸気が雲や雨粒に変わるかどうかがポイントとなります。

2・2 水蒸気が水や氷になるためには

水蒸気は気体の水で無色透明です。鍋にふたをして沸騰させると、ふたの空気穴から白い湯気が出てきます。この湯気は水蒸気が凝結して液体の水に戻ったもので、水蒸気ではありません。では水蒸気はどこにあるのでしょうか。空気穴のあたりをよく見てください。透明の気体が勢いよく出てきていて、すぐに白い湯気に変わっている様子が見えるはずです。やかんで沸騰させたときも同じです。この透明の部分が水蒸気をたくさん含んだ空気です。高温なので絶対に手を触れないでください。熱せられて蒸発した水が外の空気に触れて急激に冷やされ、液体の水に戻っているのです。

自然界では、水蒸気が水に変わったものが雲です。雲は空に浮かんでいる小さな水あるいは氷の粒で、地上に接したものは霧と呼ばれます。つまり、霧と雲は同じものです。霧は山を除けば頻繁にできるものではありませんが、雲はほぼ毎日、空に浮かんでいます。この違いは何でしょうか。

気温に依存します。**2・1**で書いたように、空気中に含むことのできる水蒸気の量は決まっていて、気温に依存します。たとえば、ある気温で含むことのできる水蒸気量を仮に100としましょう。50含まれていれば相対湿度が50パーセント、75であれば相対湿度が75パーセント、100であれば、相対湿度100パーセントです。相対湿度100パーセントのときを**飽和**と言います。湿度は100パーセント以上の状態も存在します。100パーセントを超えた状態を**過飽和**と言います。過飽和の状態になると、水蒸気が水に変わり始めます。つまり雲ができます。このとき、塵などの微粒子（**エアロゾル**と呼ばれます）が多いと、水蒸気が微粒子を介して凝結あるいは昇華（直接、水蒸気が氷に変わる）することで、雲ができやすくなります。

地上に雲（霧）ができにくいのは、地上では気温が高く、相対湿度がなかなか100パーセントを超えないからです。一般に気温は高度が上がるほど低くなります。山登りが好きな方は経験上、標高が高い場所で気温が低いことを知っているでしょう。また、飛行機に乗って離陸後にモニタで外の気温の値を見ていると、上昇するにつれて気温が下がっていく様子がわかります。国際線の巡航高度である高度10キロメートルあたりの外の気温は、マイナス50度まで下がります。

実際に空気を持ち上げていくと、通常100メートルで1度程度、気温が下がっていきます(飽和していない空気の場合)。これは気圧が下がってくるためなのですが、詳細はここでは省略します。拙著『地球温暖化で雪が減るのか増えるのか問題』[1]などをご参照ください。一方、大気が含むことのできる水蒸気の量は気温によって変わり、気温が低いとその量は急速に減ってきます(**図2-1**)。つまり、たくさん水蒸気を含んだ地上の空気が持ち上げられて、ある程度気温が下がると、含むことのできる水蒸気の量を超えてしまい、いわゆるキャパオーバーを起こします。そうなると、水蒸気は凝結し、液体の水(雲)になるのです。条件によっては氷の雲になります。

話が少し逸れますが、暖かい時期に草木につく露(つゆ)や、寒い時期に下りる霜(しも)は、夜間、地面から熱が宇宙に逃げていく放射冷却(**4・2・1**)によって地面付近が急激に冷やされるため、やはりキャパオーバーを起こし、水蒸気が凝結あるいは直接氷に変わることによってできたものです。

2・3 大気の状態が不安定って何?

さて、**2・2**ではさらっと「地上の空気が持ち上げられて」と書きました。どんなときに空気が持ち上がるのでしょうか。おそらくわかりやすいのは、風が山に当たったときです。風が山に当たると山の斜面に沿って上昇します（ただし、条件次第では上昇しないときもあります）。また、風と風がぶつかると、水平方向への行き場を失って上昇します。さらに、風が吹いていなくても、何らかの要因で空気がある高さまで持ち上げられれば、あとは自分の力で上昇していきます。**大気の状態が不安定**なときは、「大気の状態が不安定」は雷雨が予想されている日や大雨が予想されている日に、天気予報やニュースでよく出てくるので、聞いたことがある人も多いでしょう。また、この言葉は日々の一般向けの天気予報だけでなく、気象庁の専門的な解説資料や、気象の研究でもよく用いられる言葉です。大気の安定・不安定は、しっかり理解しようとすると、数式を使った専門的な話になってしまうので、ここでは概念だけをできるだけわかりやすく説明します。本章を読んだあと、なんとなくでも、大気が不安定な状態をイメージできるようになってもらえると幸いです。

2・3・1　重い空気と軽い空気

普通に生活をしていると感じることはありませんが、空気にも重さがあります。では、暖かい空気と冷たい空気、どちらが重いでしょう。空気は暖かいほど軽く、冷たいほど重くなります。このため、同じ部屋の中でも床の近くが冷たく、天井の近くが暖かくなります。冬に暖房をつけるときは床の近くに暖かい空気を送らないと、いつまでたっても人が座る場所は暖まりません。通常はエアコン自身で、あるいは扇風機やサーキュレータを併用して、部屋の空気を混ぜることで、気温を上げていきます。温度が高いと軽く、低いと重いのは水でも同じです。お風呂のお湯がぬるいとき、蛇口から熱湯を注ぐと、表面近くがどんどん熱くなって、底のほうはぬるいままということがあります。これはまさに熱いお湯が上に、ぬるいお湯が下になった状態です。ただ、最近の家のお風呂は蛇口ではなく湯船の下からお湯が出るので、このような温度差を感じる機会は少ないかもしれません。

さて、下に冷たい（重い）空気、上に暖かい（軽い）空気がある状態が安定な状態です。これを**大気の状態が安定**と表現します。逆に、暖かい（軽い）空気の上に冷たい（重い）空気がある状態が不安定な状態です。その名の通り不安定な状態なので、なるべく早く不安定を解消して安定な状態になろうと、下の暖かい（軽い）空気が上に、上の冷たい（重い）空気が下に動きます。これによって不安定が解消されます。ただし、実際の大気の安定・不安定はもう少し複雑です。**2・2**で書いた通り、気温は地上付近でもっとも高く、上空に行くほど低くなっています。単純に考えると、不安定な構造をしているように見えますが、ここで大事なのはそれぞれの高度の気温ではなく、ある高度に存在する空気を別の高度まで持ち上げたときに、周りにある空気の温度と比べて高いか低いかで、安定か不安定を評価します。通常の大気では、空気を持ち上げると周りの気温より温度が低くなり、安定な構造をしています。本来は、さらにここに水蒸気効果が入ってくるのですが、それは**2・3・3**でお話しします。

実際の大気では、上空に強い寒気が入ってきたときは、上空に重い空気が入ってきたことになり、大気の状態が不安定になります。下層に暖気が入ってきたときは、下層に軽い空気が入ってきたことになり、同じく大気の状態が不安定になります。この不安定な状況を解消しようと下層の暖かい空気が上昇します。つまり、上昇気流が発生します。ただし、実際には上空に寒気あるいは下層に暖気が入ったとしても、いきなり上昇気流が起こって大気がひっくり返るようなことはありません。大気はもっと複雑にふるまいます。これについてはのちほどお話ししましょう。一方、太陽によって地面が熱せられると、地面の状態によって暖まりにくさが違うために、とくに気温が上がる場所で空気が上昇します。このようにできる上昇気流は**サーマル**と呼ばれます。なお、地面のすぐ近く（専門的には接地境界層）では摩擦により空気は上昇せず、別の方法（熱伝導）で温度差をなくそうとします。

2・3・2　水蒸気は重い？　軽い？

ここまでの安定・不安定の話にはひとつ要素が抜けています。それは水蒸気の存在です。水蒸気は、ただ黙って持ち上げられるのを待っているわけではなく、ふたつの側面で大気の安定・不安定に寄与しています。ひとつ目が水蒸気の重さの効果です。

さて、ここで問題です。同じ気圧、同じ体積の容器の中に、水蒸気を含む空気と水蒸気を含まない空気が入っていたとすると、どちらの空気が重いと思いますか？　正解は……水蒸気を含まない空気です。

なんとなく水蒸気を含む空気のほうが重いと思いませんか。空気の重さは、空気を構成する物質によって決まります。地球の大気は約99パーセントが窒素と酸素です（窒素が約78パーセント、酸素が約21パーセント）。気体は、温度と気圧、体積が同じであれば、同じ数の分子を含むことがわかっています（**アボガドロの法則**）。つまり、水蒸気（水の分子）を含む空気は、気温と気圧、体積が同じであれば、水蒸気を含まない空気の酸素や窒素など（の分子）が水蒸気と置き換わったと言えます。ここで鍵となるのが、それぞれの気体の重さです。気体の重さは分子量に比例します。分子量は高校で理系の授業を取った方であれば、勉強したことがあると思います。それぞれの物質の化学式は、窒素がN_2、酸素がO_2、水蒸気がH_2Oです。これをもとに分子量を計算すると、窒素が28、酸素が32、そして水蒸気が18となります。この値が大きいほど重い気体なので、水蒸気はこの三つの中では〝もっとも軽い気体〟です。つまり、水蒸気をたくさん含む気体ほど軽い気体となります。水蒸気の重さは豆知識として覚えておくとよいでしょう。

さきほどの安定・不安定の話で考えると、気温が同じであっても、水蒸気を多く含む気体ほど軽い気体となり、水蒸気が少ない空気の下にあるとわずかに不安定な状態になります。ちなみに、気象学ではこの水蒸気の重さを加味した温度が定義されており、**仮温度**と呼ばれます。仮温度の式は省略しますが、この水蒸気が軽い分を温度に換算した値、つまり仮温度は温度より少しだけ高い値になります。

2・3・3　水蒸気は莫大なエネルギー源

大気の安定・不安定に寄与する水蒸気の効果としてふたつ目に挙げられるのが、気体である水蒸気が液体の水に変わるときに放出するエネルギー（熱）です。これは、ひとつ目に挙げた水蒸気の重さの効果よりもはるかに重要です。この熱があることで積乱雲が発達すると言ってもよいでしょう。水蒸気をエネルギーの起源とする究極の形が台風です。台風は水蒸気の莫大なエネルギーを得て、あのような巨大な姿に成長します。発達した台風は暴風や大雨をもたらし、日本の豪雨災害をたびたび引き起こしています（1・3）。水蒸気をエネルギーとして考える概念は慣れていないと難しいのですが、ここでは簡単に説明していきます。

すでに何度も出てきましたが、大気が含むことのできる水蒸気の量は気温に依存していて、気温が高いほどたくさんの水蒸気を含むことができます。そのため、空気を冷やしていくと、途中で飽和に達して、水蒸気は液体の水に変わります（**凝結**）。気体の水蒸気と液体の水を比べると、気体の水蒸気のほうがエネルギーをたくさん持っています。気体の水蒸気では水分子が元気に飛び回っている（エネルギーがたくさんある）のに、液体の水では水分子が集まってゆっくり動いている（エネルギーが小さい）イメージです。固体の氷はさらにエネルギーが小さい状態です。水蒸気が水に変わるとき（凝結時）、エネルギーの差を埋めるために周りにエネルギーを放出します。つまり、周りの空気を暖めます。逆に、液体の水から水蒸気に変わるとき（**蒸発**時）は、周りからエネルギーを奪います。つまり、周りの空気を冷やします。

これは普段の生活の中でも実感できます。たとえば、夏に活躍するうちわや扇風機。肌に風を当てるととても涼しく感じますよね。これは、汗（水）が蒸発するときに体から熱を奪うためです。また、同じ気温でも、カラッと晴れた湿度が低い日のほうが、ジメジメした湿度が高い雨の日よりも過ごしやすいのは、汗が効率的に蒸発して体を冷やすためです。水蒸気が凝結するときに出る熱は**潜熱**（せんねつ）と呼ばれています。普段は水蒸気の中に潜んでいて、凝結するときにだけ放出される隠れた熱です。なお、液体の水が蒸発して水蒸気に変わるときに周りから奪う熱も、同じように潜熱と呼びます。水蒸気が凝結するときは、潜熱を放出し、液体の水が蒸発するときは潜熱を吸収します。

このことを念頭に、水蒸気を多く含んだ地上の空気が上昇する状況を考えてみましょう。空気が持ち上げられると、通常１００メートルで1度程度温度が下がっていきます。そのまま上昇して気温が下がっていくと、どこかで空気中の水蒸気の量が空気が含むことのできる最大量を超えキャパオーバーを起こし、水蒸気が凝結して水に変わります。これで雲ができるのです。このとき、水は気体から液体に変わるので、熱を出して空気を暖めます。つまり、少しだけ軽い空気となります。雲をつくったことで、その空気が周りの空気より軽くなった（温度が高くなった）場合は、さらに上昇します。そして上昇することでまた空気の温度が下がって雲をつくり、熱を出して空気を暖める……これを繰り返す形で、暖かく湿った空気は上昇していきます。この繰り返しが積乱雲や積雲のモクモクするところで起こっています。なお、もし雲をつくって暖まっても周りよりも温度が低ければ、空気は自分の力では上昇できません。雲をつくりながらどんどん上昇が始まる高度は、**自由対流高度**と呼ばれます（この高度が存在することが「大気の状態が不安定」の条件となります）。条件がそろえば、上空1万５０００メートルあたりまで積乱雲は発達します。上昇する湿った空気の温度が、もともと周りにあった空気の温度よりも低くなった高度で上昇は止まります。実際には上昇してきた勢いがあるので、少し飛び出します（**オーバーシュート**）。

天気予報などで出てくる「大気の状態が不安定」は、気温と水蒸気の影響をすべて加味したうえでの「不安定な状態」です。春から夏にかけて、「上空に寒気」あるいは「下層に暖かく湿った空気」という表現が出てきたら、それは大気の状態が不安定であることを示すキーワードです。また、太陽が地面を暖めることでも大気の状態が不安定になることがあるので、夏の晴れた日は、朝よりも夕方のほうが大気の状態はより不安定になりやすいです。ただ、大気の状態が不安定であっても必ず大雨になるわけではありません。また、ほとんどの場合は一時的に積乱雲が発達しても、30分から1時間、ザッと雨が降って終わりです。大雨のあとは太陽が出て、美しい虹が姿を現すこともあるでしょう。いったん積乱雲が発達すると、下層の空気と上空の空気をよく混ぜるので、その場所での大気の不安定な状態は緩和されます。しかし、条件がそろうと、この大気の不安定な状態が緩和されずに持続し、積乱雲が次から次へと発生、発達することで大規模な災害を引き起こすような豪雨につながります（**2・6**、**2・9**）。

2・4 雲から雨や雪ができるまで

水蒸気が上空で凝結すると雲になりますが、そこから雨になるまでにはもう少し時間がかかります。ひと粒の雲（以降は雲粒と表現します）の代表的な大きさが、半径0・01ミリメートル程度であるのに対して、雨粒の大きさはそのおよそ200倍の2ミリメートル程度です（**図2−3**）。小さな雲粒が大きな雨粒に成長する必要があります。雲の成長にはいくつかの異な

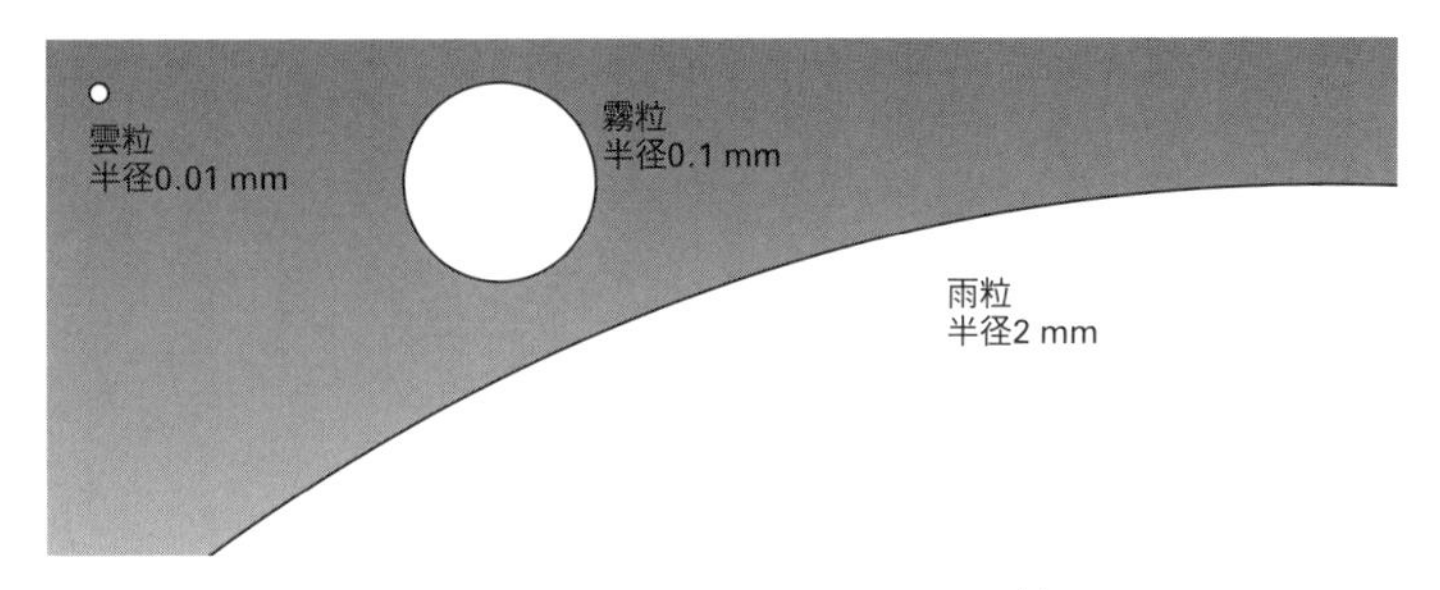

図 2－3　代表的な雲粒、霧粒、雨粒の大きさ。小倉（1984）[(2)]の図 4－6 を参考に作成。

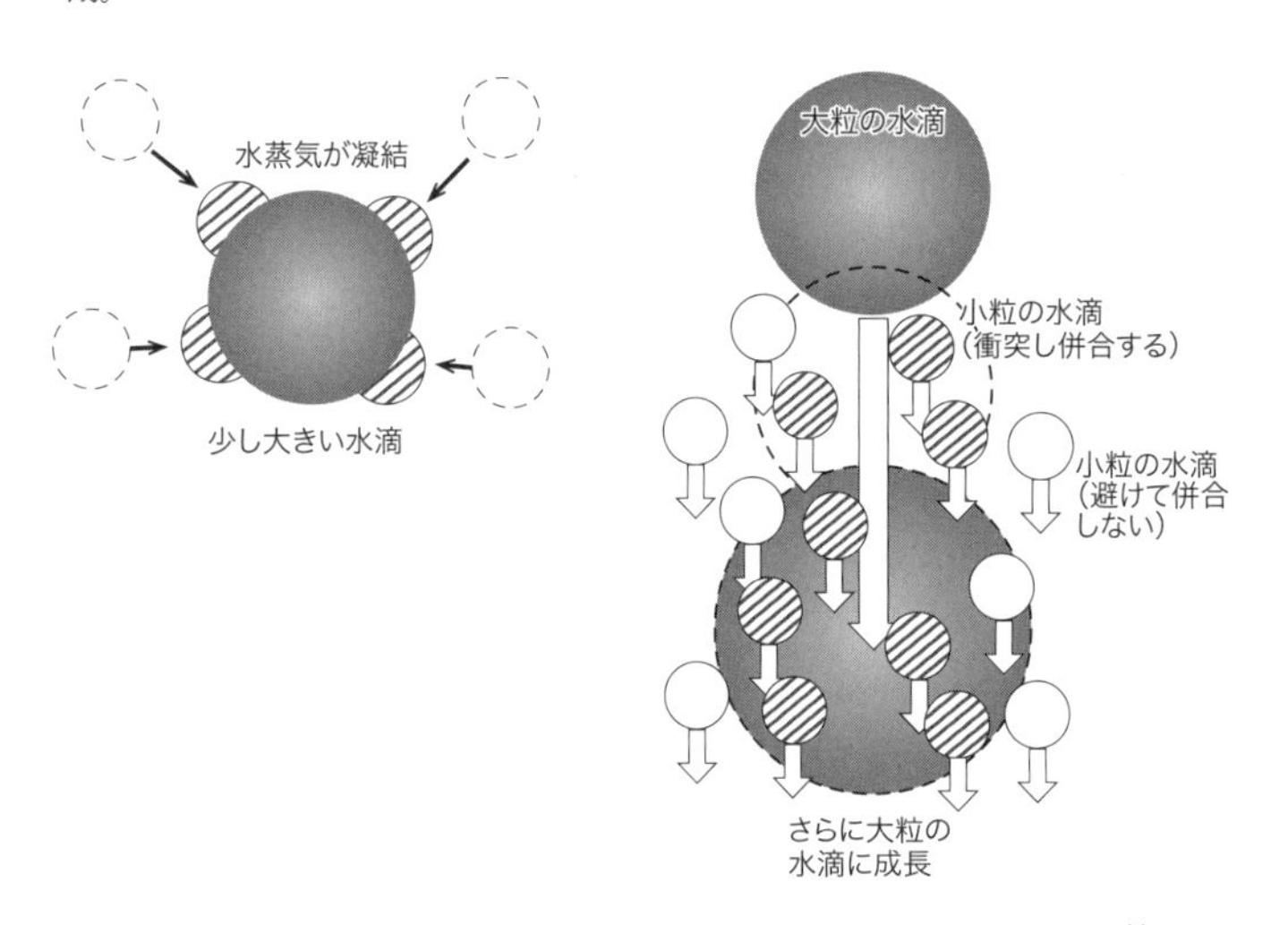

図 2－4　凝結成長（左）と衝突・併合成長（右）のイメージ。小倉（1984）[(2)]と荒木（2014）[(3)]を参考に作成。

る過程の存在が知られています（**図２－４**）。まず、湿度が１００パーセントを超えた過飽和の状態で、水蒸気がもともとあった雲粒に凝結して、雲粒が大きくなる**凝結過程**。これは雲粒が小さいときに効果的に働き、雲粒の半径がいっきに増大していきます。ただ、この凝結過程は、雲粒が大きくなると急速に効果が薄れていきます。雲粒の大きさと雨粒の大きさを考えると、凝結過程だけでは短時間に雲粒が雨粒に成長することはできません。

雲粒がさらに成長するために必要となるのが**衝突・併合過程**です。簡単に言うと、ぶつかって一緒になって大きくなる過程です。ある程度成長した雲粒や雨粒が落下する際、その大きさによって落下のスピードが変わります。落下スピードは、空気から受ける抵抗（空気抵抗）と重力とのバランスで決まり、それらが釣り合ったときの速度が**終端速度**と呼ばれます。終端速度は、小さい水滴ほど小さく、大きい水滴ほど大きくなります。大きい水滴が速いスピードで落下すると、途中でゆっくり落下する小さい水滴に追いついて衝突し、併合します。併合するとさらに大きくなり、スピードも増して、さらに多くの小さい水滴に衝突して併合し成長します。このような過程を経て、小さい雲粒から大きい雨粒へと成長していきます。

液体の水でできた雲（水雲）が雨粒に成長して降る雨を、**暖かい雨**（warm rain）と呼びます。暖かい雨は上空でも比較的気温が高い熱帯地域でよく降ります。日本でも季節によっては暖かい雨が降ることがあります。一方、中緯度や高緯度、熱帯であっても空高く発達する積乱雲の中では、気温が0度よりもずっと低いため、上空で雪やあられができて、それが途中で融けて降ってくるのが一般的です。このような雨を**冷たい雨**（cold rain）と呼びます。冷たい雨が降るときは、上空での雪やあられといった氷の粒子の成長過程が重要になってきます。

氷の粒子の成長には、水蒸気が直接氷の粒子につく**昇華成長**、**過冷却**の雲粒が直接、氷の粒子につく**捕捉成長**、氷の粒子同士がくっついて成長する過程があります。過冷却の雲粒とは氷点下の水でできた雲粒です。水をゆっくり冷やしていくと、温度が0度を下回っても氷にはならず、水のまま存在します。この状態が過冷却です。過冷却の水に何か衝撃を与えると、氷に変化します。氷点下の雲の中で成長した氷の粒（つまり、雪やあられ）が落下してくると、どこかで0度の層を通過します。気温が0度よりも高くなると雪やあられは融け始め、完全に融けると雨粒に変わって地上に落ちてきます。大きい雨粒が降ってくるときは、上空でできた大きな氷の粒やぼたん雪が融けて落ちてきた可能性があります。大きく成長した氷が融け切らずに落ちてきた場合は、地上でもあられやひょうとして観測されます（**2・5・2**）。

2・5 積乱雲の一生

大雨をもたらす積乱雲はどのようにして生まれ、消えていくのでしょうか。まず、小さな積雲が成長したものは**雄大積雲**と呼ばれます（**コラム①**）。この雄大積雲がさらに発達して背が高くなると積乱雲になります。目で見た雄大積雲と積乱雲の違いは、雄大積雲と積乱雲の〝頭〟です。頭がモクモクしているうちは雄大積雲、そこからさらに発達し、強い降水をもたらすようになると積乱雲です。典型的な積乱雲は、モクモクしていた頭が平らになり、周囲に広がっていきます。頭が平らな雲よりモクモクした雲のほうが、迫力がありそうな気がするかもしれません。しかし、より発達した雲は頭が平らな積乱雲です。平らに広がった雲は**かなとこ雲**と呼ばれます。それでは、どうして発達した積乱雲の頭が平べったくなるのか、そのわけも含めて、積乱雲の一生を見ていきましょう。ひとつの積乱雲の寿命はだいたい30分から1時間程度で、その間に**成長期**、**成熟期**、**衰退期**を経験します（**口絵「積乱雲の姿」①、図2－5**）。それぞれ、発達期、最盛期、消滅期とも呼ばれます。

2・5・1　成長期

積乱雲の成長期は、まさに入道雲がモクモクと上空に向けて発達している状態です。雲の中はすべて上昇気流となっています。高度が低いうちは水の雲や雨滴、高度が高くなって0度を下回ると、氷の粒や雪、あられができてきます。夏の場合、だいたい高度5キロメートルより上空が0度以下になっています。天気予報で「上空に寒気が入り……」という解説があるとき

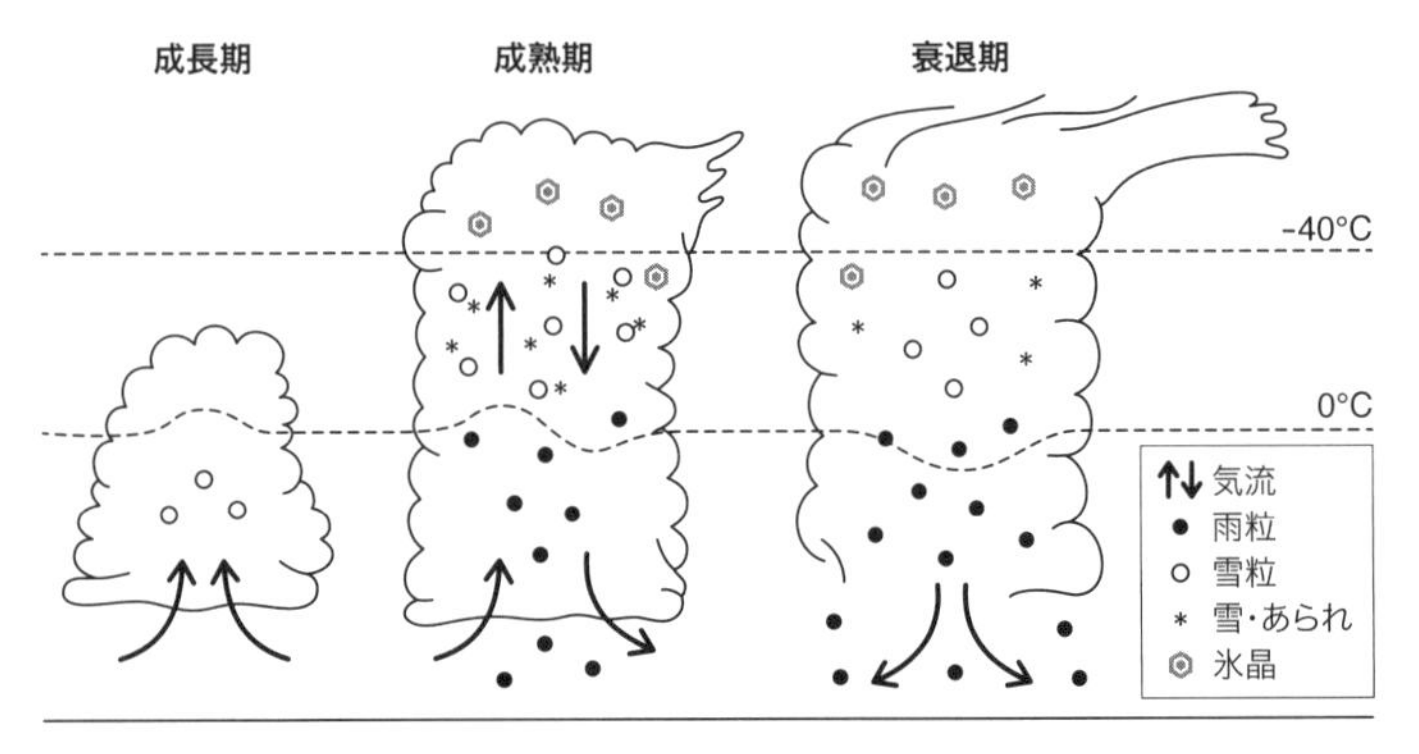

図2－5　積乱雲の一生。小倉（1984）[2]の図8－4を参考に作成。元の図は、Byers and Braham(1949)[4]。

は、0度の高度がいつもより下がっていると考えてください。このまま雲がどんどん発達して、**対流圏**の上端（高度10～15キロメートル）に達すると、次の成熟期を迎えます。対流圏とは、雲や降水などの天気現象が起こる層です。なお、積乱雲が高い高度まで発達するためには、上昇する空気の温度が周りにある空気の温度よりも高い状態（大気の不安定な状態）が、高い高度まで続く必要があります。上空の気温が高いと、上昇した空気の温度が周りの温度よりも低くなり、雲はそれ以上発達することができなくなり、雄大積雲で止まってしまいます。「上空に寒気が入るとき」「地上の気温が上がるとき」「下層に暖かく湿った空気が入るとき」などは大気の状態を不安定にする、または不安定を強める要因なので、積乱雲が発達する条件となります。

2・5・2 成熟期

対流圏の上端に達した積乱雲は、さらに上の成層圏に入ろうとしますが（一部入ります（オーバーシュート））、成層圏は大気の状態がかなり安定なため、すぐに押し戻されてしまい、水平に広がっていきます。これがかなとこ雲です。成熟期の積乱雲の中では雨粒やあられ、雪などの降水粒子が次々とつくられます。積乱雲の中は上昇気流が強いので、これらの降水粒子は落ちずに上空に運ばれていきます。上昇気流が弱いところにくると粒子は落ちてきますが、落下途中に上昇気流の強い領域に入ると、ふたたび上空に運ばれていきます。これを繰り返しながら、粒子が成長して大きくなります（**2・4**）。

積乱雲の上部では気温がかなり低いため、だいたい雪やあられ（ひょう）の状態で存在します。積乱雲の中の小さな氷の粒と、あられやひょうなどの大きな氷の粒によって雷が発生します（**コラム②**）。

雪やあられがある程度大きくなると、落下速度も大きくなり、上昇気流を振り切って落下を始めます。雪やあられは0度の層までは凍った状態で落ちてきますが、0度を超えると融けて雨粒に変わってきます。通常は地上に落ちる前にすべて融けるので、夏、地上に降るのは大きい雨粒となります。ただ、大きく成長して融けきらなかった場合や、上空の寒気が強く、高度が低いところまで0度以下だった場合は、融けずに氷のまま落ちてきます。このような場合は、地上の気温が高かったとしても、氷の粒であるあられやひょうが降ることになります（**口絵「さまざまな気象現象」②**）。ひょうとあられの違いは大きさだけで、直径5ミリメートル以上をひょう、5ミリメートル未満をあられと呼びます。ときどき、積乱雲から多量のひょうが降って地面に積もり、まるで雪が積もったように見えることもあります。私も大学生の頃、一度だけ遭遇しました。夜、東京から帰ってきたとき、5月半ばにもかかわらず、路側帯が白くなっていて、本当に雪が降ったのかと思いました。あとで話を聞くと、つくば市はその日の夕方、激しい雷雨とひょうだったようです。

積乱雲の中で雨粒やあられ、ひょうが落ちてくるとき、摩擦の効果で周りの空気も一緒に引きずり下ろすため、下降気流が生じ始めます。また、雪や氷が0度を超えて融け始めると周りから熱を奪うので、周囲の気温を下げます（**2・3**）。周りより気温が低いとその空気は相対的に重くなり、さらに下降気流が強くなります。成熟期はひとつの積乱雲の中であられや雪を成長させる上昇気流と、それらの落下がつくる下降気流が同居している形です。

落下する雨粒が積乱雲の雲底を抜けると、蒸発しながら落ちてきます。水が蒸発する際には、融けるときと同じように周りから熱を奪うので、さらに空気を冷やし、下降気流が強くなります。積乱雲から生じた下降気流が地上に達すると、行き場を失って周囲に広がります。この空気は蒸発によって冷やされた周囲より冷たい空気ですので、周囲に広がる流れは**冷気外出流**と呼ばれます。積乱雲が近づく際に吹く冷たい風が、まさにこれです。積乱雲の中で非常に強い下降気流がつくられた場合には、地上で広がる風も強風となり、建築物に被害が出ることもあります。これを**ダウンバースト**と呼びます。

2・5・3　衰退期

積乱雲の中がほぼ下降気流になると、積乱雲は自分自身を維持できなくなり、衰退が始まります。衰退期はモクモクとした雲はほとんどなくなりますが、まだ上空には雨粒が残っている場合があります。このようなとき、青空が透けて見えるのに大粒の雨が降ったり、青空に虹が出たりします（**口絵「さまざまな気象現象」③**）。積乱雲の最後の悪あがきと思ってください。すぐに雨は上がります。ただ、衰退した積乱雲が自分の子供をつくることがあります（**2・6**）。

【コラム①】　空に浮かぶいろんな雲

ここまでの話の中で、積雲や積乱雲などの雲の名前が出てきました。空にはいろんな雲が浮かんでいます。このコラムでは雲の種類についてお話ししましょう。私はパソコンに向かって気象や気候の研究をしながらも、毎日空の様子を気にしています。空に浮かぶ雲は発生する高さや形、性質によって大きく10個に分類されていて、〝十種雲形〟と呼ばれています（**口絵「十種雲形」**）。1カ月ほど空を眺めていれば、十種の雲に出会うことができるでしょう。ただ、季節によって出やすい雲と出にくい雲があります。たとえば冬の太平洋側で積乱雲が出ることはほとんどありません。

それでは低いところに出る雲から順に見ていきましょう。

地面近くから高度２０００メートルあたりにできる下層の雲は、**積雲**と**層雲**、**層積雲**の三つです。**積雲**は晴れた日にぷかぷか浮かぶ白くて小さい雲で、丸みを帯びています。積雲が大きく発達したものは雄大積雲と呼ばれ、さらに発達すると積乱雲になります。積雲が一面に広がり空を覆いつくすほど広がった雲が**層積雲**です。一方、標高の低い山などにべったりと層状にくっついている雲が**層雲**です。層雲は遠くから見ると雲ですが、その中に入ってしまうと霧になります。

高度２０００メートルから７０００メートルあたりの中層に発生する雲が、**高積雲**、**高層雲**、**乱層雲**の三つです。**高積雲**は楕円形の雲で、ほぼ等間隔に並んで発生します。その名の通り、高いところに出る積雲です。代表的なものはその見た目から〝ひつじ雲〟と呼ばれます。積雲状の高積雲に対し、**高層雲**は層状に広がった雲で、薄いことが多く、太陽がぼんやりと透けて見えます。そして一般に雨雲と呼ばれる雲が**乱層雲**です。乱層雲は厚く、太陽の光を遮断するため、濃い灰色に見えます。乱層雲は停滞前線や温暖前線の付近に発生することが多く、積乱雲ほど激しい雨を降らせるわけではありませんが、雨が降る時間は長くなります。

高度が高い5000メートルから1万メートルを超える上層にできる雲が、**巻雲**、**巻積雲**、**巻層雲**です。これらの雲をつくっているのは氷の粒、〝氷晶〟です。**巻雲**は筋状の尾を引いた形や羽毛や絹のように繊細な形をしています。それに対し、**巻積雲**は小さな雲がたくさん集まってできています。いわし雲やうろこ雲と呼ばれる雲です。巻積雲は氷晶だけでなく、氷点下の水（過冷却水滴）と混合していることもあります。上層を広範囲に覆う雲が**巻層雲**です。うす曇りのときがこの巻層雲がかかっている状態です。氷晶でつくられた巻層雲は、日暈や幻日、環水平アーク、環天頂アークなどのさまざまな光の現象（光学現象）をつくり出します（**口絵「さまざまな気象現象」③**）。いずれも珍しい現象ですので、見つけた方はとても運がよいです。

最後に、下層から上層まで貫くもっとも巨大かつ危険な雲が**積乱雲**です。下層の積雲が発達して雄大積雲となり、さらに発達すると積乱雲になります。積乱雲は短時間の激しい雨や雷雨をもたらし、時にはひょうや突風、稀に竜巻を発生させることもあります。積乱雲のくわしい説明は本編をご参照ください。

【コラム②】 雷の話

積乱雲の中に存在するあられ（大きな氷の粒）と氷晶（小さい氷の粒）が原因で起こるのが雷です。[5] 積乱雲の中であられと氷晶が衝突することで、それぞれ異なる極性の電気を帯びます。あられと氷晶が正（＋）と負（－）のどちらの電気を帯びる（電荷を持つ）のかは気温によって変わります。ここでは詳細は省略しますが、マイナス10度より高い（つまり高度の低い）場所ではあられは正の電荷、氷晶は負の電荷を持ち、マイナス10度より低い（つまり高度が高い）場所では、あられは負（－）の電荷、氷晶は正の電荷を持ちます。これらの粒子の落下速度が異なることから、雷発生時には積乱雲の中は、正、負、正の三層の構造（三極構造）をしていると言われています[6]。

雷には、積乱雲の中を稲妻が走る**雲（雲間）放電**と、雲と地上の間で発生する**対地放電（落雷）**の2種類が存在します（**口絵「さまざまな気象現象」④**）。雲放電は、積乱雲の中の大きな負の電荷と上部の正の電荷の間を電気が流れることで発生します。積乱雲からかなとこ雲が広がっていると、長い距離を雲放電が走ることもあります。一方、積乱雲の中の負の電荷と地上（正の電荷）の間で発生するのが落雷です。雲放電は人に被害を及ぼすことはありませんが、落雷は人に直撃するだけでなく、周囲の木などに落ちた雷から電気が流れる**側撃（誘電）雷**などもありますので、とても危険です。

ところで、光ってから音が聞こえるまでの時間を数えると、雷との距離がわかると言われます。これは、光が瞬時に目に入ってくるのに対して、音は約340メートル毎秒で耳に届くので、10秒差があれば約3・4キロメートル先で雷があったと考えられるためです。ただ、この考え方が使えるのは落雷のときだけです。雲放電の場合、たとえ雷雲が真上まできていたとしても、上空3・4キロメートルで雲放電が起こると、地上に音が届くまでやはり10秒かかります。稲光と雷の音で積乱雲との距離を判断するのは危険ですので、音が聞こえた時点で安全な場所に移動したほうがよいでしょう。

2・6 危険な積乱雲～マルチセルとスーパーセル～

2・5で示した通り、ひとつの積乱雲の寿命は短く、せいぜい30分から1時間で消滅します。このような積乱雲の場合、落雷や激しい雨、突風、降ひょうの可能性はあるものの、大きな災害が起こるようなことはありません。安全な屋内で少し雨宿りすれば、すぐに通過するか衰退していきます。ただ、積乱雲を衰退させた下降気流が冷気外出流として周囲に広がると、もともと吹いていた風とぶつかり、局所的な前線を形成します。これは**ガストフロント**と呼ばれ、ガストフロント付近で新たな積乱雲が発生することがあります。積乱雲の世代交代です。世代交代が効率的に起こってしまうと、積乱雲による大雨が短時間では終わらない場合があります。積乱雲があちこちに存在する場合や、大気下層から中層（５０００メートルあたり）にかけての風向の変化によって、効率的に積乱雲の発生と消滅が繰り返される場合です。積乱雲があちこちに存在すると、それぞれの積乱雲で冷気外出流が発生して、それらが互いにぶつかりやすくなります。そうすると、次々と積乱雲が発生し、複数の積乱雲の大きな集団ができます。ま

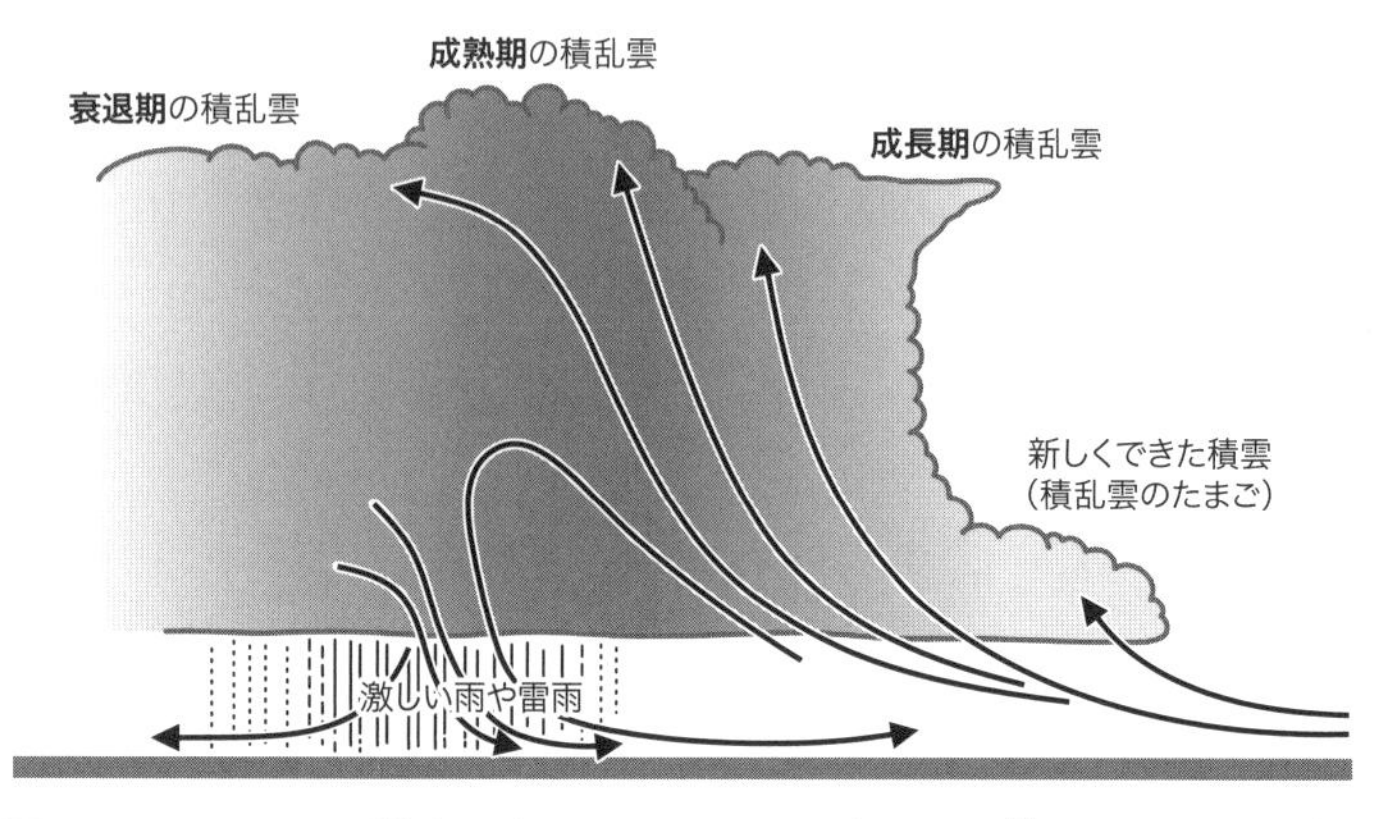

図2－6　マルチセル（積乱雲群）のイメージ図。小倉（1984）[2]の図8－12および荒木（2014）[3]の図4－12を参考に作成。

た、ちょうど上空の風と下層の風、積乱雲からの冷気外出流のバランスが取れたとき、ある場所を起点に同じ方向に、成長期、成熟期、衰退期の積乱雲が並ぶことがあります。個々の積乱雲は1時間程度で成長、成熟、衰退しますが、それが上空の風に流されることで、成長期、成熟期、衰退期の場所が固定される場合があります。そうなると、常に成長期にあたる先端で上昇気流、常に成熟期にあたる場所で激しい雷雨や降ひょうが生じることになります（**図2－6**）。積乱雲のひとつひとつは細胞になぞらえて**セル**と呼ばれることがあるため、このような組織化された積乱雲の集団を**マルチセル**（**積乱雲群**）と呼びます（**口絵「積乱雲の姿」①**）。マルチセルは、上空と下層の風速が異なるときに発生しやすいとされています。

マルチセルは複数の積乱雲が集まり、結果的に上

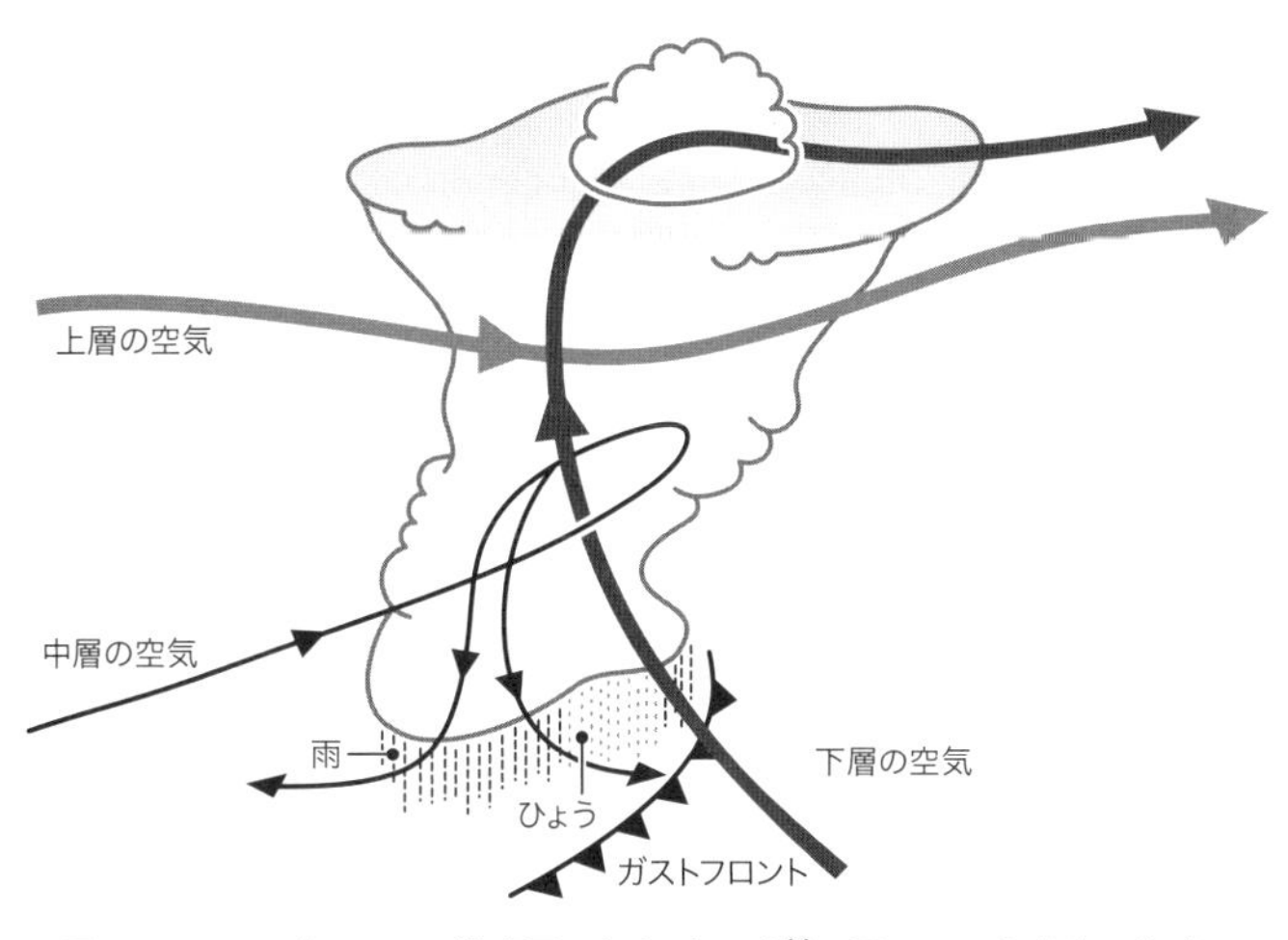

図 2－7　スーパーセルの模式図。小倉（1984）[2]の図 8－13 を参考に作成。

昇気流と下降気流の場所が違って見えています。これに対して、ひとつの巨大な雲の中で上昇気流と下降気流を持つものがあります。**スーパーセル**（巨大積乱雲）です（**図2－7**）。スーパーセルはアメリカ中央部で発生しやすく、竜巻発生の原因となる巨大な積乱雲です。スーパーセルの中では雪やあられなどの降水粒子が生成し持ち上げられる場所と、それらが落下する場所が異なります。このような降水粒子の移動が起こるためには、下層の風と中層の風、上層の風が異なる必要があります。高度ごとに風速が変わることを専門的な表現で、風の**鉛直シア**と呼びます。日本ではスーパーセルが発生することはあまりありませんが、2012年に茨城県つくば市で発生した竜巻をもたらした積乱雲は、スーパーセルの特徴を持っていたことがわかっています。[7] このときの竜巻の強度は藤田スケールでＦ３と推定されています。藤田スケールは、竜巻やダウンバーストなどの風により発生した被害の状況から風速を推定するもので、１９７１年にシカゴ大学の藤田哲也博士によって考案されました。[8] 気象庁の資料によると、つくばの竜巻のＦ３は「壁が押し倒され住家が倒壊する。非住家はバラバラになって飛散し、鉄骨づくりでもつぶれる。汽車は転覆し、自動車はもち上げられて飛ばされる。森林の大木でも、大半折れるか倒れるかし、引き抜かれることもある」とされています。風速に換算すると、およそ70～92メートル毎秒（約5秒間平均）の竜巻です。ただ、藤田スケールはアメリカで考案されたものであり、日本の建築物の被害と対応していなかったことから、気象庁は藤田スケールを改良し、より精度よく突風の風速を評定することができる日本版改良藤田スケール（ＪＥＦスケール）を策定しました[9]（２０１５年12月）。日本では現在、ＪＥＦスケールが竜巻の階級に用いられています。

マルチセルやスーパーセルが近づくと、急に天気が変わり、突然大雨が降るために、ゲリラ豪雨あるいはゲリラ雷雨と呼ばれることがあります。ゲリラは戦争用語でもあるため、ゲリラ豪雨は気象庁あるいは気象学の正式な言葉ではありません。気象庁では非推奨の言葉としています（一般には普及しているために、あえてここでは紹介します）。ゲリラ豪雨は本来、ゲリラ的な、つまり予測ができない突然の大雨という意味で使われ始めたと思われますが、言葉が使われているうちに、単に突然降ってくる雨をゲリラ豪雨と呼んでいるように感じます。移動してくるマルチセルやスーパーセルは、現在の観測網であれば、近づいてくることがわかり、およそ予測可能な現象となっています。このような大雨に対してはゲリラ豪雨と呼ぶのはかなり違和感があります（そもそも気象庁の正式名称ではないことを差しおいても）。せめて、単一の積乱雲、あるいはガストフロント上にできた新しい積乱雲による、現代の予報技術では予測困難な突然の雷雨をゲリラ雷雨と呼ぶほうがまだよいでしょう（推奨しているわけではありません）。私も何度かこのような突然の雷雨に遭ったことがあります。

2・7 広域に雨をもたらすのは低気圧と前線

一般的に雨をもたらす代表格が低気圧と前線です。低気圧や前線が近づくと雲が広がり、雨や雪が降ります。逆に、高気圧に覆われると晴れます。これは低気圧や前線付近では上昇気流があり、高気圧の中では下降気流があるためです。低気圧はその名の通り、周りよりも気圧の低い場所です。風は（ほかに何も力が働かなければ）気圧の高いところから低いところに向かって吹きます。実際には、地球の自転や地上の摩擦の影響の効果が合わさって、低気圧の周辺では、風が反時計回り（南半球では時計回り）に中心に向かうように吹いています。低気圧の中心付近に集まった風は水平方向には行き場を失います。風は地面を掘って下にもぐることはできないので、上に向かうことになり、上昇気流が発生します。ただ、実際の低気圧周辺の上昇気流の分布は複雑で、前線を伴う低気圧と伴わない熱帯の低気圧とでは上昇気流の分布が異なります。いずれの場合も、上昇気流は低気圧が存在する限り継続的に発生しますので、低気圧の周辺では雲が多く、ときには大雨を降らせます。

前線は暖かい空気と冷たい空気の境目にできます。両者のぶつかり方によって、**温暖前線**、**寒冷前線**、**停滞前線**、**閉塞前線**の四つに分かれています（**図2－8**）。温暖前線は暖気が寒気側に移動するときの境目にできる前線です（**図2－9**）。温暖前線では、暖かい（軽い）空気が冷たい（重い）空気の上に乗り上げる形になり、比較的ゆっくりと天気が変わっていきます。最初は上層の高い雲が広がり、次第に高度が下がって厚みを増し、最後に雨雲となります。一方、寒冷前線は寒気が暖気側に移動するときに境目にできる前線です（**図2－9**）。冷たく重い空気が暖気の下にもぐりこむようにして暖気を押し上げます。寒冷前線付近では上昇気流が強く、積乱雲が発生して急速に天気が悪化します。また前線の通過により風向きもいっきに変わります。

停滞前線はほぼ同じ位置に停滞する前線です。前線の北側と南側で気団（空気の性質）は異なりますが、上空の風は前線に沿って平行に吹き、それらが互いに侵入することのない状態です。停滞前線上に低気圧が発生すると、低気圧の反時計回りの風によって、低気圧の前面（東側）で暖気を北側に押し上げ、後面（西側）で寒気を南側に押し下げます。その結果、停滞前線は温暖前線と寒冷前線に変わります。停滞前線はどの季節でも発生しますが、典型的な停滞前線が**梅雨前線**と**秋雨前線**です。梅雨前線や秋雨前線は常に大雨をもたらすものではありませんが、状況によっては大規模災害を引き起こすような豪雨の要因となります（**2・8**）。

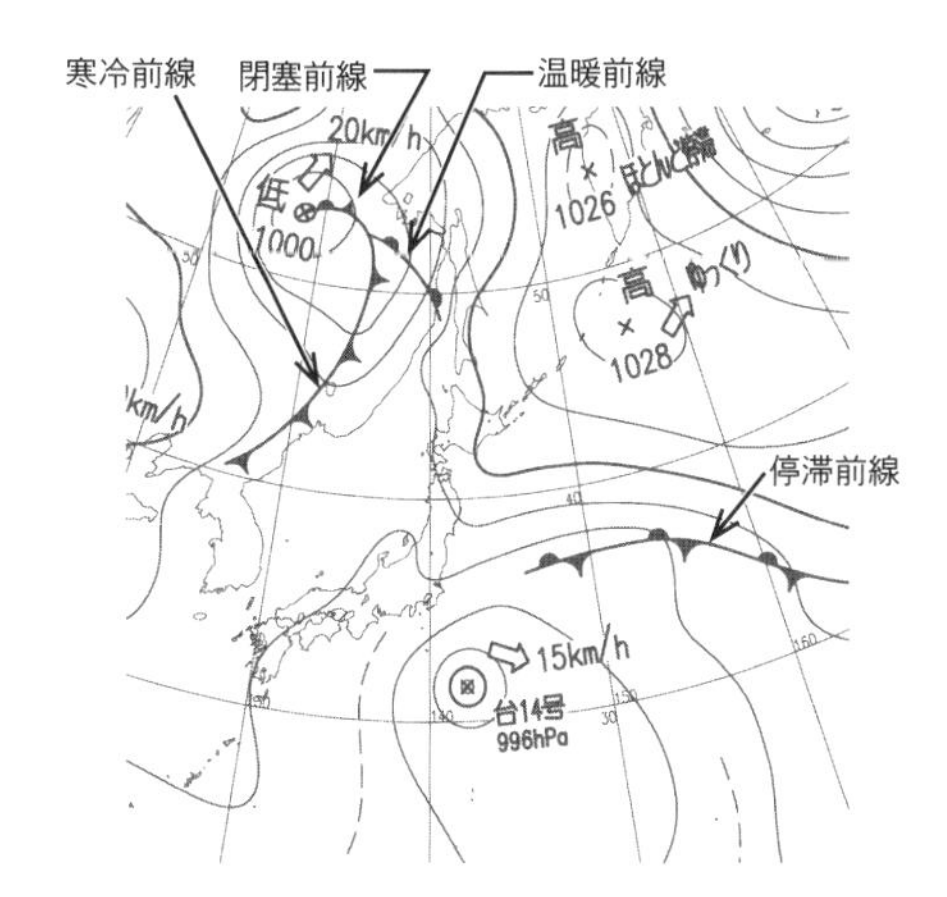

図 2－8　4 種類の前線。2020 年 10 月 11 日 21 時の天気図を切り出し。

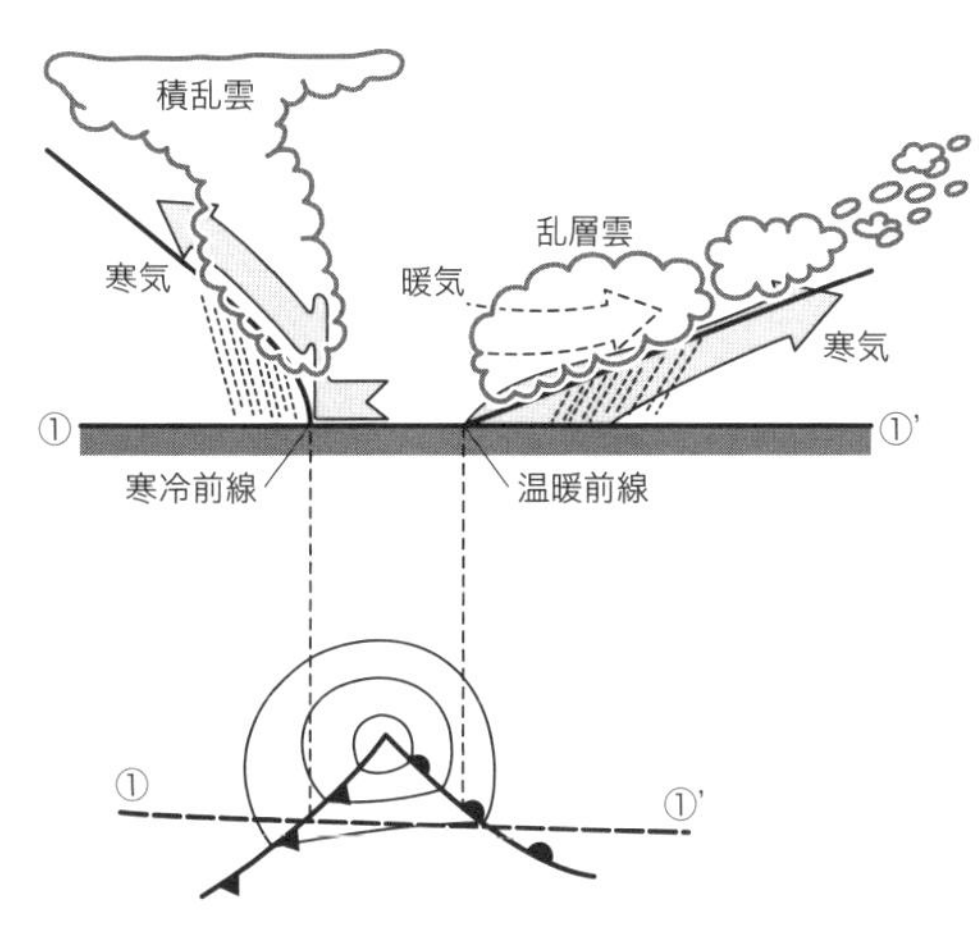

図 2－9　寒冷前線と温暖前線の構造と雲の様子。

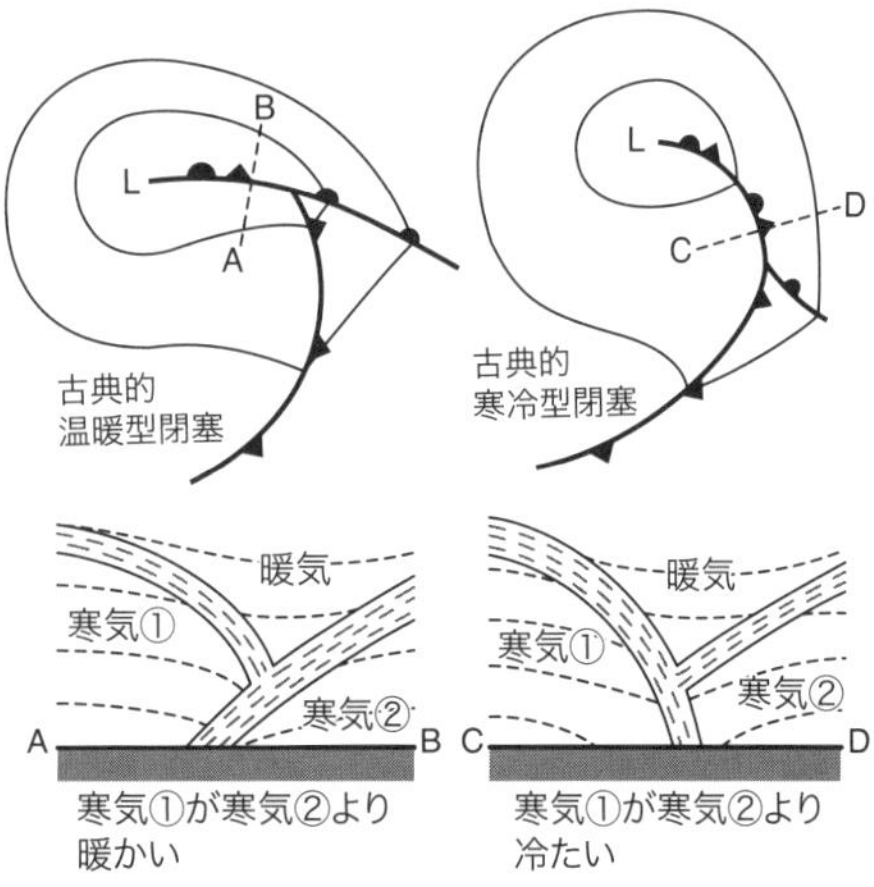

図2－10　閉塞前線の構造。気象学会（1998）[6]の図を参考に作成。

最後の閉塞前線は寒冷前線が温暖前線に追いついた前線です（**図2－10**）。閉塞前線の構造は、寒冷前線の後面の寒気と、温暖前線の前面の寒気のどちらが冷たいかによって変わります[10]。低気圧が閉塞前線を伴うと低気圧は次第に弱まっていきます。ただ、閉塞前線と温暖前線、寒冷前線が交わる点（閉塞点）で、新たに低気圧が発生することもあります。

前線を伴う低気圧は、中緯度の温帯地域に発生することが多く、**温帯低気圧**と呼ばれます。温帯低気圧は南からの暖かい空気と北からの冷たい空気をエネルギー源として発達します。急速に発達する低気圧は**爆弾低気圧**と呼ばれています。爆弾低気圧は気象庁が用いる正式な用語ではありませんが、国際的には定義があり、24時間で低下した気圧が基準になっています。この基準は緯度によって異なり、東京あたり（北緯35度）ではおよそ16ヘクトパスカル、札幌あたり（北緯43度）ではおよそ19ヘクトパスカルです。24時間の気圧低下がこの値より大きければ、爆弾低気圧となります。なお、爆弾低気圧は24時間あたりの気圧低下が基準になっているので、低気圧自身の強さ（中心気圧）とは無関係です。

温帯低気圧に対して、熱帯に発生する低気圧が**熱帯低気圧**です。温帯低気圧とは異なり、前線を伴うことはありません。風速17・2メートル毎秒（34ノット）以上に発達した熱帯低気圧が**台風**です。発達した熱帯低気圧の名称は地域によって異なり、北西太平洋または南シナ海に存在するものを台風と呼びます。本書では台風に関しては深く触れませんので、くわしく知りたい方は、専門書をご参照ください。たとえば、筆保ほか『台風の正体』[11]、上野・山口『図解 台風の科学』[12]、筆保編『台風についてわかっていることいないこと』[13]などを推薦します。

2・8 梅雨前線と豪雨

ここまでは雨の降る基本的なしくみをお話ししてきました。ここからは豪雨に注目して見ていきましょう。豪雨を引き起こす要因のひとつが梅雨前線です。梅雨前線は5月から7月に発生する停滞前線で、春と夏の季節を分ける前線です。梅雨前線がかかると梅雨入りとなり、気象庁の梅雨入りと梅雨明けの発表は、多くの人が注目する季節イベントのひとつです。5月上旬に沖縄、6月上旬に九州や四国、6月半ばに本州の大部分が梅雨入りします。梅雨前線が本州の南にあるうちは、北側の涼しい空気に覆われているため、水蒸気の量も多くなく、本州では豪雨は起こりません。梅雨前線が次第に北上し、本州から九州にかかる6月下旬から7月下旬がとくに、豪雨の起こりやすい時期となります。**2・7**では暖かい空気と冷たい空気の境目に前線ができると書きましたが、梅雨前線では気温差に加え、水蒸気量の差も位置を決める一因となります。梅雨前線については、茂木『梅雨前線の正体』(14)にくわしく書かれているので、ご参照ください。

第1章で紹介した豪雨のうち、令和2年7月豪雨(**1・2**)、平成30年7月豪雨(**1・4**)、平成29年7月九州北部豪雨(**1・5**)、平成24年7月九州北部豪雨(**1・5**)、平成23年7月新潟・福島豪雨(**1・8**)が梅雨の時期あるいはその直後に発生した豪雨です。これだけ見ても、いかに梅雨末期に豪雨が起こりやすいかがわかります。日本では、台風を除くと梅雨前線と秋雨前線がかかる時期がもっとも豪雨が起こりやすい時期と言ってよいでしょう。

ただ、ひとくちに梅雨前線の豪雨と言っても、そのパターンはさまざまです。第1章で説明した通り、梅雨前線付近で豪雨が発生したケースもあれば、梅雨前線の南側で発生した線状降水帯によって局地的に豪雨が起こったケースもあります。いずれの場合も、梅雨前線の南から継続的に大量の水蒸気が流れ込み、上昇気流が持続する状況で豪雨が発生しています。とくに梅雨末期は、梅雨前線と夏の主役である太平洋高気圧によって、大量の水蒸気が日本に流れ込みやすい状況になっています。さらに、梅雨前線の北を、寒気を伴った上空の気圧の谷が通過すると、**2・3**で説明した大気の不安定な状態を助長し、いっそう豪雨が起こりやすくなります。平成29年7月九州北部豪雨は、まさにそのような状況下で形成された線状降水帯によって発生しました。

次節では、最近注目され、第1章で紹介した複数の豪雨の原因となった線状降水帯について見ていきます。

2・9 豪雨と言えば線状降水帯

台風以外で豪雨が起こったときによく登場するのが**線状降水帯**です。第1章で紹介した豪雨では、令和2年7月豪雨（九州の豪雨）、平成29年7月九州北部豪雨、平成27年9月関東・東北豪雨、平成26年8月豪雨（広島の豪雨）、平成24年7月九州北部豪雨などで線状降水帯が主要因となりました。線状降水帯とは、いったい何物なのでしょうか。気象庁では線状降水帯を、「次々と発生する発達した積乱雲が列をなした積乱雲群によって、数時間にわたってほぼ同じ場所を通過または停滞することで作り出される、線状に伸びる長さ50〜300km程度、幅20〜50km程度の強い降水をともなう雨域」と説明しています[15]。簡単に言うと、直線状に持続する降水帯です。ただ、多少移動したり、強弱を繰り返したりして、結果的に積算すると線状に見える場合もあります。２０２１年６月から始まった「顕著な大雨に関する情報」の中では明確な基準を設けて線状降水帯を定義しています（**3・4・4**）。線状降水帯は降水域が狭いため、少しでも降水域からずれると、降水は急に弱まります。線状降水帯では記録的な大雨が降っていても、わずか数キロメートルずれるだけで、ほとんど雨が降っていないこともあります（**図2－11**）。

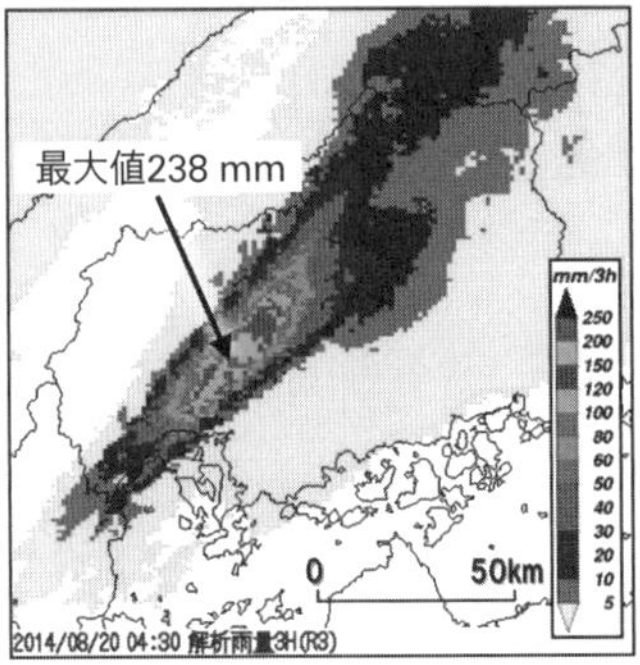

線状降水帯自体は雨の降り方の形態を表したもので、何かの現象を指すわけではありません。線状の降水系（降水システム。積乱雲の集団など持続的に降水を発生させる体系）が同じ場所に長時間停滞することにより、降水が多い領域が線状につくられます。線状の降水システムをつくる要因はいくつかあります。たとえば、寒冷前線（**2・7**）。寒冷前線付近では積乱雲が発生しやすく、前線上に積乱雲が並んで発生すると線状の降水システムとなります。このような降水システムには**スコールライン**と呼ばれるものもあります。寒冷前線やスコールライ

図2－11　山口県と広島県の県境に発生した線状降水帯。2014年8月20日1時30分から4時30分の積算降水量分布（ミリ）。図1－9の右と同じ図。

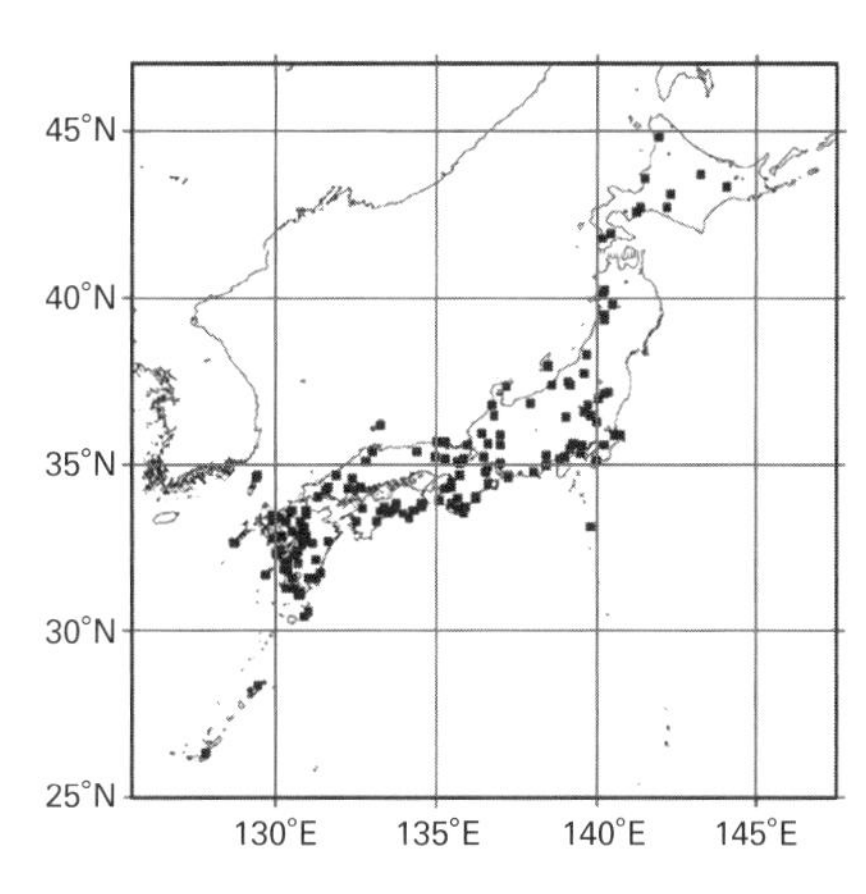

図 2－12 線状の降水系の集中豪雨事例の分布。
各点は、集中豪雨事例において前 24 時間積算降水量が最大であった点を示す。津口・加藤(2014)[16]の図をもとに作成。

ンは激しい雨や雷雨をもたらすことがありますが、時間の経過とともに移動するため、同じ場所に停滞することはほとんどありません。そのため、「数時間にわたってほぼ同じ場所を通過または停滞することで作り出される」という基準は満たさず、線状降水帯と呼ぶことはできません。通常、寒冷前線やスコールラインに伴う激しい雨はザーッと降って短時間でやみます。

集中豪雨が発生した際に、それが線状であったか否かを調べた気象研究所（発表時）の津口裕茂氏らの研究があります。なお、この研究が行われた2014年は、まだ線状降水帯の用語が確立していなかったため、線状の降水系（線状の降水システム）と呼んでいます。この研究によると、台風や熱帯低気圧の

表２－１　各地域における強雨域の発生数と出現割合

降水タイプ	北日本	東日本	西日本	南西諸島
線状で停滞性	17（９％）	37（７％）	104（７％）	29（10％）
線状	67（36％）	159（30％）	571（38％）	89（32％）
停滞性	10（５％）	53（10％）	145（10％）	33（12％）
その他	94（50％）	273（52％）	680（45％）	128（46％）

Hirockawa et al., 2020[17]をもとに作成。

直接的な影響を除いた集中豪雨のおよそ65パーセントが線状の降水システムによるものでした（ここでは１９９５～２００９年の４～11月の統計）。線状の降水システムは日本中で発生しますが、とくに東日本から西日本にかけての太平洋側や九州でたくさん発生することがわかっています（**図２－12**）。九州では集中豪雨のほとんどは、線状の降水システムによるものでした。津口氏らの研究の中では、３時間積算降水量などをもとに集中豪雨を定義したのち、降水域の長軸（降水域の長さ）と短軸（降水域の幅）の比が３対１以上の場合を線状の降水システムと定義しています。一方、気象研究所の廣川康隆氏らが２０２０年に発表した論文の中では、３時間降水量で80ミリ以上の降水帯の長軸と短軸の比が５対２、面積が６２５から１万２５００平方キロメートルで５時間以上持続した場合に、線状降水帯と定義しています。

廣川氏らの分析によると、線状の降水帯の中でも停滞性のもの（いわゆる線状降水帯）は頻度が少なく、線状の降水帯の４分の１から５分の１程度、大雨全体の７パーセント程度となります（**表２－１**）。

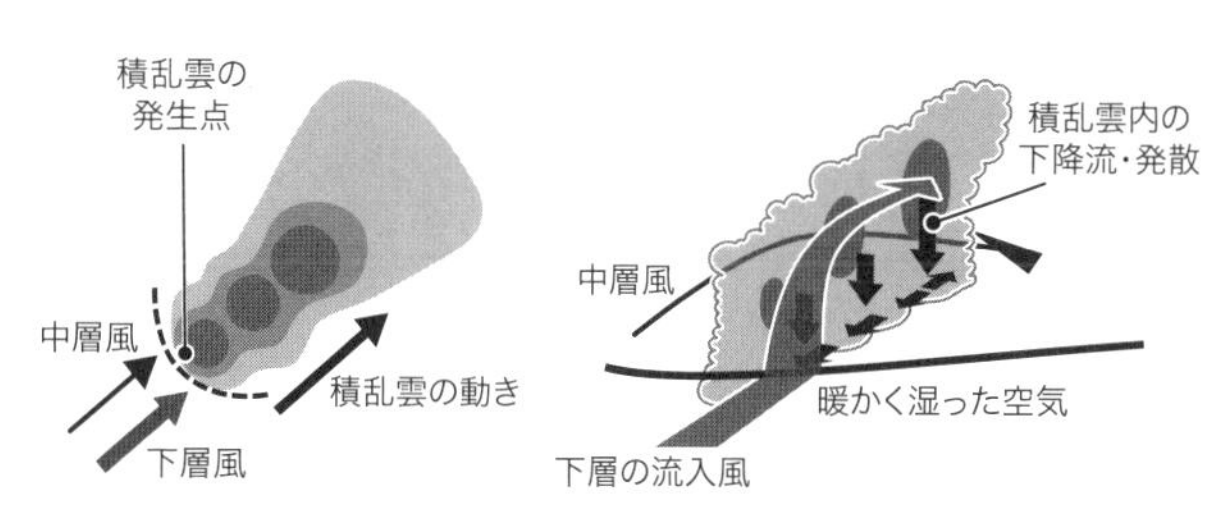

図 2－13　バックビルディング型形成の模式図。瀬古（2005）[18]の図を参考に作成。

線状降水帯と呼べる大雨はそれほど頻繁に発生するわけではありません。しかし、いったん線状降水帯が形成されると、第1章でお話したような豪雨が発生してしまいます。では、どのように線状降水帯は形成されるのでしょうか。

2・9・1　バックビルディングによる線状降水帯の形成

線状降水帯が形成されるためには、同じような場所で積乱雲が発生、発達し続ける必要があります。その形成過程のひとつが**バックビルディング**です。バックビルディングでは、ある場所で積乱雲ができてそれが風下に流されていくのですが、またすぐに同じ場所でふたつ目の積乱雲ができて風下に流れていきます。そしてさらに次の積乱雲ができて……という形で、同じ場所で次々と積乱雲が発生して風下に流されていきます。こうなると、発達した積乱雲が通過する場所も固定され線状に強い降水が維持されてしまいます（**図2－13**）。流された積乱雲の後ろ（風上）に新しい積乱雲がつくられることから**バックビルディング型形成**と呼ばれ

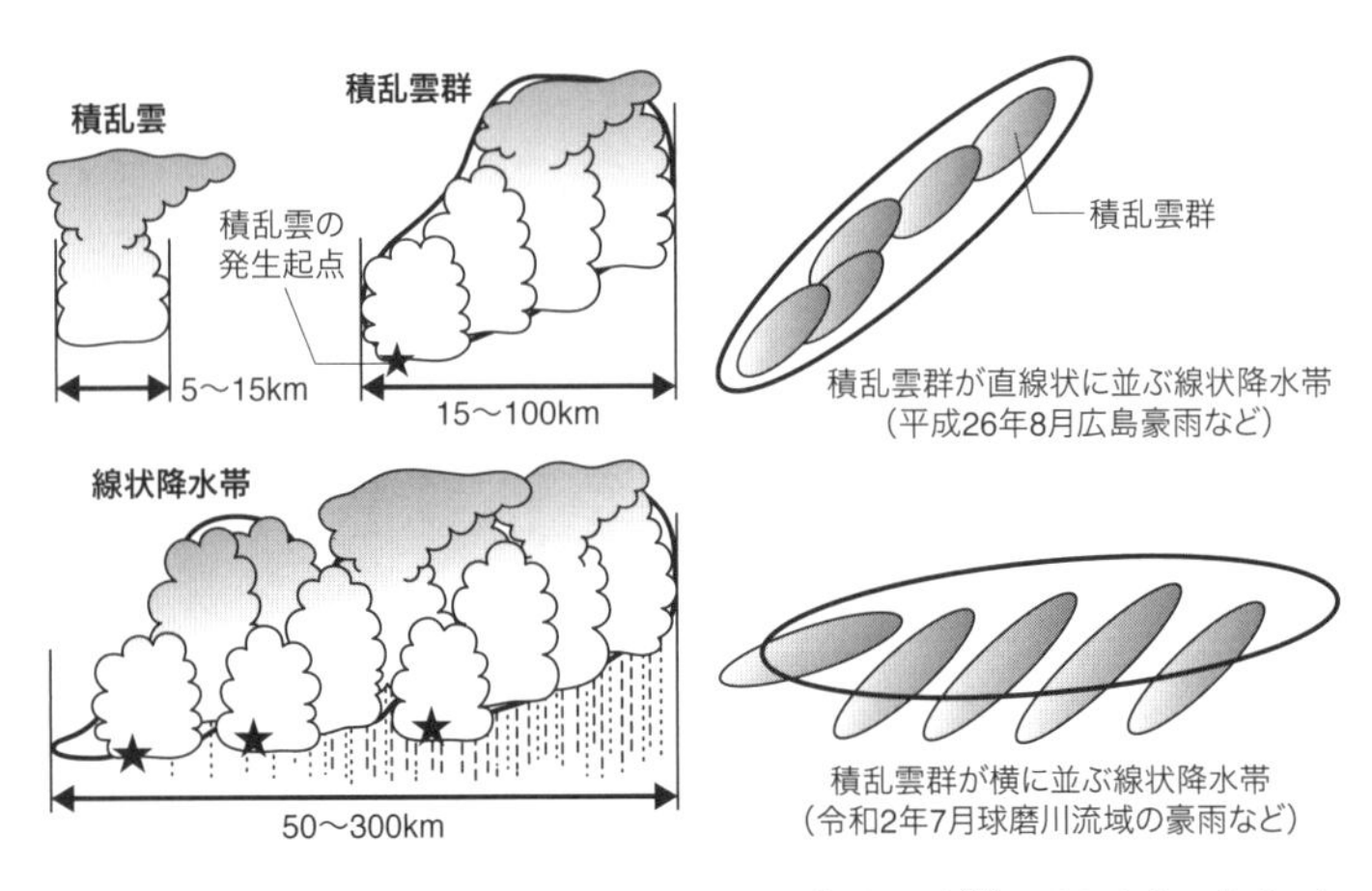

図2－14　線状降水帯の模式図。左図は吉崎・加藤（2007）[19]の図を参考に作成。気象庁ホームページを参考に雨を追加。

ます。同じ場所で積乱雲ができ続ける要因としては、山や島などの地形や大気下層の**収束域**（風と風がぶつかる場所）の停滞などが考えられています。２０１４年に広島で発生した大雨（平成26年8月豪雨）や、平成24年と平成29年の九州北部豪雨は、いずれもこのバックビルディングによる線状降水帯が原因であったと報告されています。

バックビルディング型によってできた複数の積乱雲の集団（積乱雲群）だけでも、線状降水帯となり大雨が起こることがありますが、その範囲は比較的小さくなります。一方、積乱雲が発生する起点が複数あったり、積乱雲群自体が近くに別の積乱雲群をつくったりした場合、複数の積乱雲が組織化した積乱雲群が複数並ぶ線状降水帯が形成されます（**図2－14**）。たとえば、平成26年の広島の豪雨（**口絵「線状降水帯」上**）では、積乱雲群がほぼ直線状に複数発生し、結果的に南西から北東にのびる100キロメートル以上に及ぶ細長い線状降水帯が形成されました。まさに、典型的な線状降水帯と言ってよいでしょう。一方、令和2年7月豪雨で球磨川流域に発生した線状降水帯は、九州の西の海上で発生し、通常よりも大きな線状降水帯となりました。線状降水帯の中の積乱雲の動きを見てみると、南西から北東に走る積乱雲の集団が複数並んでおり、それらが合わさることで、ひとつの大きな線状降水帯を形成していました（**口絵「線状降水帯」下**）。この積乱雲群のひとつひとつは、バックビルディング型で発生、発達して球磨川流域に流れ込んでいます。横からいくつもの積乱雲群が入り込み、大きな線状降水帯が形成される形です。このような線状降水帯の形成過程はバックアンドサイドビルディング型と呼ばれることもあります[18]。

バックビルディング型（あるいはバックアンドサイドビルディング型）の線状降水帯は、いずれも地形や風の収束によって上昇する場所（発生起点）があり、そこでまず積乱雲が発生し、これが繰り返されることで積乱雲群となります。ただ、下層から中層にかけての風の流れや積乱雲群の数によって、最終的に形成される線状降水帯の形は、細長くのびるものもあれば、太く長くのびるもの、風下に広がっていくものなどさまざまです。現状では基準を満たせばすべて線状降水帯と呼ばれます（**3・4・4**）。また、線状降水帯の形成には、バックビルディング型のほかに、直線状に下層の収束のある場合にいっせいに積乱雲が発生し、最終的に線状の降水帯になる破線型があります。２０１３年10月の台風接近時に伊豆大島で発生した大雨は、破線型による線状降水帯の形成により発生したとされています[20]。どのような過程で形成されたとしても、線状降水帯は積乱雲の集団であることには変わりないので、線状降水帯がかかった地域では、災害を伴うような豪雨が発生する可能性が高くなります。

2・9・2　宇宙から見た危険な雲「にんじん状の雲」

線状降水帯の降水域は直線状に分布しますが、気象衛星から線状降水帯の雲を見ると、線状ではなく風下に向かって広がっていくように見えることが多いです。これは、積乱雲の上部にできるかなとこ雲が風下に広がりながら流されるためです。にんじんの形をしているので、**にんじん雲、にんじん状の雲**とも呼ばれます（**図２－15**）。もし気象衛星でにんじん状の雲が見えたら、その下では激しい雨が降っていると考えてください。にんじん状の雲は、以前はテーパリングクラウドとも呼ばれていました。テーパリングとは英語でtaperingと書き、「先細りの」という意味があります。ただ、実際には先細る雲ではなく、先端で雲が発生発達し、風下に向かって末広がりになっているのが実態です。そのため、テーパリングクラウドは使わないほうがよいという意見があり[21]、気象庁ホームページの用語解説では「使用を控える用語」となっています。

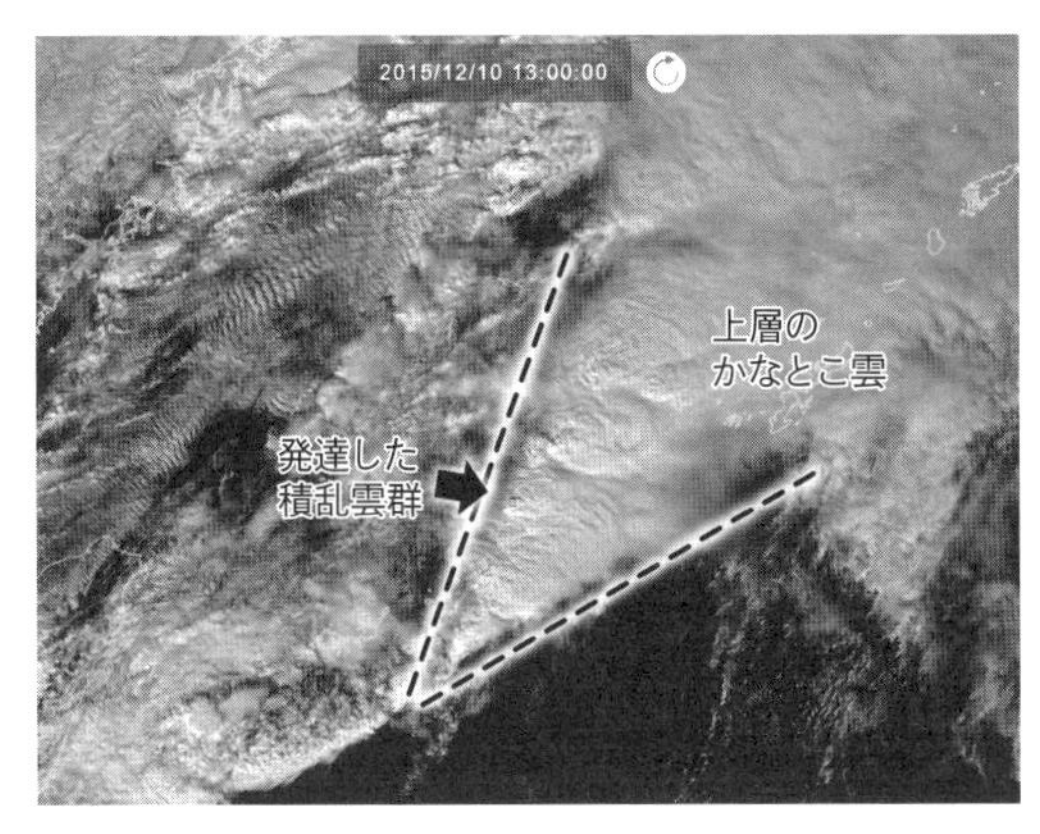

図 2－15　にんじん状の雲（テーパリングクラウド）。2015 年 12 月 10 日。カラー画像を白黒に変換。提供：情報通信研究機構（NICT）

2・9・3　線状降水帯のこれから

線状降水帯の話に戻りましょう。令和2年7月豪雨で球磨川流域に発生した線状降水帯では、南西からの暖かく湿った風と北からの風がぶつかることで積乱雲が発生しました。南西からの風は、太平洋高気圧を回って梅雨前線に吹き込む風で、梅雨末期には比較的よく見られる風です。一方、平成27年関東・東北豪雨では、南北に長く伸びた大きな降水帯が形成されました。この降水帯の中では複数の線状降水帯が次々と発生し、結果的に大きな降水帯を形成したことがわかっています。

これまでの研究で、線状降水帯が発生しやすい六つの条件が提案されています[20]。ここでは6条件の内容を簡単に紹介します。厳密な定義や数値を知りたい方は元の論文[20]をご参照ください。線状降水帯が発生しやすい条件をまとめると、「大気下層にたくさんの水蒸気が流れ込んでいること」、「大気の状態が不安定で、積乱雲が発生しやすいこと」、「大気が中層（高度５０００メートルあたり）まで湿っていること」、「大気下層から中層にかけて風の向きが時計回りに変わっていること」、「大きな場（４００キロメートル四方での平均）で見て上空が上昇気流場であること」、「発達しようとした雲が途中で抑制されないこと」です。これらの条件を満たした場所で、下層の風の収束や、地形の影響で空気が持ち上げられると、線状降水帯が発生する可能性が高くなります。ただ、現状では、この条件をすべて満たせば必ず線状降水帯が発生するとは限りません。今後、条件の改良や新たな条件の追加などさらに研究が進めば、線状降水帯の発生を精度よく予測できる日がくるかもしれません。

線状降水帯は豪雨による災害をもたらすことが多いため、気象庁は線状降水帯の予測精度向上をめざし、２０２０年12月23日、線状降水帯予測精度向上ワーキンググループを立ち上げました。ワーキンググループの議論を経て、気象庁は２０２１年６月より新たに「顕著な大雨に関する情報」の発表を開始しました。この中で線状降水帯の基準を満たした際には、線状降水帯というキーワードを使って大雨の解説がされます。くわしくは**3・4・4**をご覧ください。おそらく、運用開始後も実態に合わせて改良されていくものと思われますが、この情報が広く使われ、線状降水帯による豪雨災害の犠牲者が減ることが望まれます。なお、たとえ線状降水帯を予測できたとしても、線状降水帯に伴う大雨を止めることはできないので、われわれが対策を打つしかありません。早めの避難もそのひとつです。

2・10 地形は豪雨を誘発する

さて、線状降水帯はひとたび形成されると、大雨をもたらす可能性がありますが、その範囲は狭く、また頻繁に発生するわけではありません。一方、日本にはもともと大雨が降りやすい場所が存在します。紀伊半島や四国です。**表2－2**に日降水量上位5位の地点を示します。1位が神奈川県箱根町箱根の922・5ミリ、2位が高知県馬路村魚梁瀬の851・5ミリ、3位が奈良県上北山村日出岳（現在は観測していない）の844ミリ、4位が三重県尾鷲（おわせ）市の806ミリ、そして5位が香川県内海町内海の790ミリです。1位の箱根を除くと、いずれも紀伊半島と四国の地点となっています。ちなみに観測史上1位の箱根の降水をもたらしたのが、令和元年東日本台風です（**1・3**）。また、年降水量の記録としては、高知県の魚梁瀬の7194・5ミリ（2018年）、三重県の尾鷲の6174・5ミリ（1954年）などがあります。魚梁瀬で観測史上最高の年降水量を観測した2018年は、平成30年7月豪雨が発生した年です（**1・4**）。豪雨期間中の降水量は1852・5ミリと、この年の年降水量のおよそ25パーセントにあたります。

表 2－2　日降水量の歴代ランキング

順位	都道府県	地点	降水量（ミリ）	観測した日	観測状況
1	神奈川県	箱根	922.5	2019 年 10 月 12 日	継続
2	高知県	魚梁瀬	851.5	2011 年 7 月 19 日	継続
3	奈良県	日出岳	844	1982 年 8 月 1 日	終了
4	三重県	尾鷲	806.0	1968 年 9 月 26 日	継続
5	香川県	内海	790	1976 年 9 月 11 日	継続

各地点の観測史上 1 位の値を使って作成（2021 年 6 月現在）。

記録的な豪雨が発生すると、よく「50年に一度の大雨」という表現が使われます。このような表記の仕方は**再現期間**（return period）と呼ばれ（**確率年**とも言います）、災害の対策を行う際に用いられます。年の数字が大きいほど稀な現象となります。そして、ある再現期間の降水量は**確率降水量**と呼ばれます[22]（本書では単に降水量と表記します）。再現期間や確率降水量は、地球温暖化に伴う大雨の変化を評価するうえで重要な視点となります（**4・8、5・3**）。

50年に一度の降水量は全国一律ではありません。大雨特別警報の基準のひとつでもある50年に一度の48時間降水量で見ると、雨の多い高知県馬路村魚梁瀬では1081ミリと1000ミリを超えている一方、雨が少ない瀬戸内地域の岡山市ではわずか268ミリです。さらに北海道の稚内（わっかない）市では196ミリと50年に一度の降水量が200ミリを下回っています。魚梁瀬では50年に一度の3時間降水量が230ミリなので、これよりも小さい値です。稚内市で1日に200ミリの雨がいかに大変かが、ここからもわかります。参考までに、東京都千代田区では408ミリ、名古屋市では404ミリ、大阪市では344ミリです。なお、50年に一度の値は、今後の雨の降り方によって変わります。ここで示した値は、2021年3月25日現在のものです。

さて、雨の多い紀伊半島や四国には山が多く、標高2000メートル近い山も存在します。また、太平洋に面し、南からの暖かく湿った風が直接に山にぶつかります。風が山にぶつかると前には進めなくなり、上か横に逃げようとします。上に逃げる場合は山の斜面を上昇して山を越える流れに、横に逃げる場合は山を避けて迂回する流れになります。山を越えるか迂回するかは、そのときの気象条件によって決まります。ここではくわしく書きませんが、風速や山の高さ、大気がどのくらい安定しているかに依存します。

ここでは風が山の斜面を駆け上り、山を越える場合を考えましょう。風が斜面を上ることになるので、これまで水平方向に吹いていた風が上昇気流に変わります。上昇気流をつくるという点では、**2・7**の低気圧や前線と同じような効果を持っています。山によってできる上昇気流は、**地形性の上昇気流**と呼ばれます。たくさんの水蒸気を含んだ空気が上昇気流によって持ち上げられると、水蒸気が凝結して雲に変わります（**2・2**）。また、水蒸気が雲に変わると、熱が出て空気を暖めます。上昇した空気が周りの空気より暖かい（＝軽い）場合（つまり、大気の状態が不安定な場合）、さらに上昇気流は強くなります。通常、低気圧や前線は移動していきますが、山は移動しないので、南から暖かく湿った空気が供給される間は、ずっと上昇気流が生じて、山に雨が降り続けることになります。山がつくる上昇気流は、線状降水帯のきっかけになることもあります。九州や四国では、山を起点に線状降水帯が形成された事例がたびたび見受けられます。

一方、風が山を越えると、今度は風が山を下ってきます。すでに風上でたくさんの水蒸気を雨として落としてきたうえ、下降気流となって雲をなくしながら吹き降りてくるため、雨雲は衰退します。この結果、風下で晴れて気温が上がる現象が**フェーン現象**です。なお、フェーン現象は風上に雨を伴わない場合もあります。これはドライフェーン（乾燥フェーン）と呼ばれ、詳細は省略しますが上空の空気を引きずり下ろすことで、地上の気温が上がります。日本は海に囲まれた山の多い島国です。そのため、どこから風が吹いてきたとしても、海の上を通った風が山に当たって上昇します。海面水温の高い夏の太平洋や東シナ海からはとくに多くの水蒸気が運ばれてくるため、水蒸気を多く含む風が最初に山にぶつかる紀伊山地や四国山地、そして九州山地などで大雨が降りやすくなるのです。

これと同じ現象は冬の日本海側でも起こります。冬は風向きが変わり、大陸から日本に向かって風が吹いてきます。大陸から吹いてくる風は日本海で多量の水蒸気を受け取り、日本海に面する山にぶつかります。そうすると湿った風が山を上昇し、夏と同じ原理で多量の雪を降らせるのです。ただ、冬の場合は、もともと気温が低く、水蒸気の量がそれほど多くないために、夏ほど積乱雲は発達できず、雲の高さはせいぜい5000メートルほどです。夏に見られる1万メートルを超えるような積乱雲はほとんど発生しません。冬の豪雪については**2・13**でくわしく紹介します。

2・11 雲が雲に種をまくシーダー・フィーダー効果

2・10では、暖かく湿った空気が山に当たり上昇することで、多量の雨が降ると説明しました。地形に伴う上昇気流（地形性の上昇気流）は積乱雲が発達するきっかけをつくります。ただ、地形が降水を強める効果はこれだけではありません。もうひとつ注目されるのが、**種まき効果**（seeder feeder：**シーダー・フィーダー効果**）です。湿った空気が山に当たって持ち上げられたとしても、そのときの大気の状態次第では、背の高い積乱雲にまでは発達せず、背が高くない層状の雲（層雲や層積雲、**図2－16**）の場合があります。通常の層雲や層積雲からも雨は降りますが、層雲や層積雲だけではそこまでの大雨にはなりません。

ところが、もしこの雲の上を別の降水をもたらす雲（低気圧でできた雲や近くの山でできた積乱雲から伸びる雲）がやってくるとどうなるのでしょうか。より高い雲から細かな氷や雪

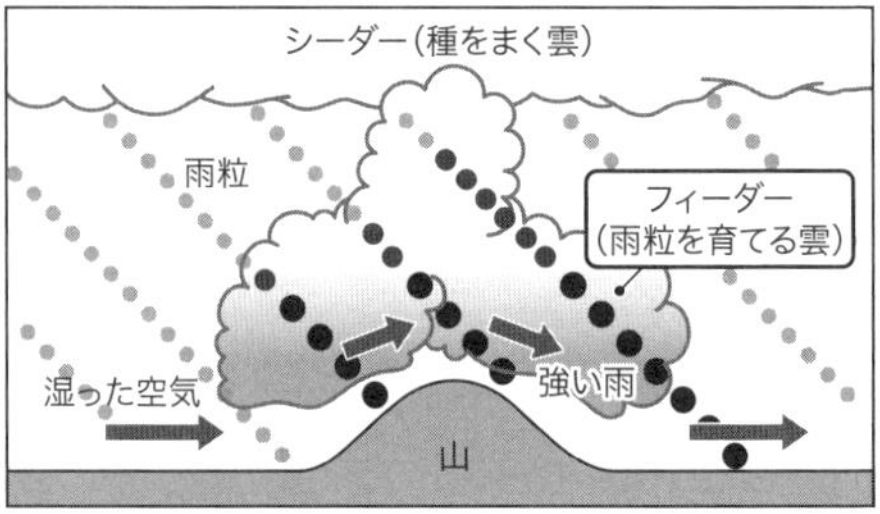

（気温が高い場合は雨粒）が層雲や層積雲に落ちてきます。山でできた層積雲の中では、水滴の衝突・併合や雪粒子に雲の粒がつくことで、降水粒子の成長が加速します（**2・4**）。これにより、自力ではそこまで強い雨を降らせることができなかった層雲や層積雲が、ほかの雲からの降水の力を借りて、降水を強めることがあります（**図2-16**）。地形性の上昇気流でできた雲ではありませんが、層積雲の上に雨やあられが降る様子を**口絵「さまざまな気象現象」①**に載せました。アメリカ・コロラド州ロッキー山脈（標高約3000メートル付近）で偶然撮影できた写真です。

シーダー（種をまく雲）
雨粒
フィーダー
（雨粒を育てる雲）
湿った空気
強い雨
山

図2-16　シーダー・フィーダー効果による降水の強化。荒木（2014）[3]と防災科学技術研究所のホームページ[23]を参考に作成。

2・12　大気の川〜Atmospheric River〜

豪雨災害が起こったあとに、線状降水帯以外で注目されることが多くなってきたのが**大気の川**です。この言葉は、もともとアメリカ西岸に大雨をもたらす要因である「Atmospheric River」の日本語訳です。アメリカの場合は、熱帯太平洋から多量の水蒸気が狭い範囲に集中し、

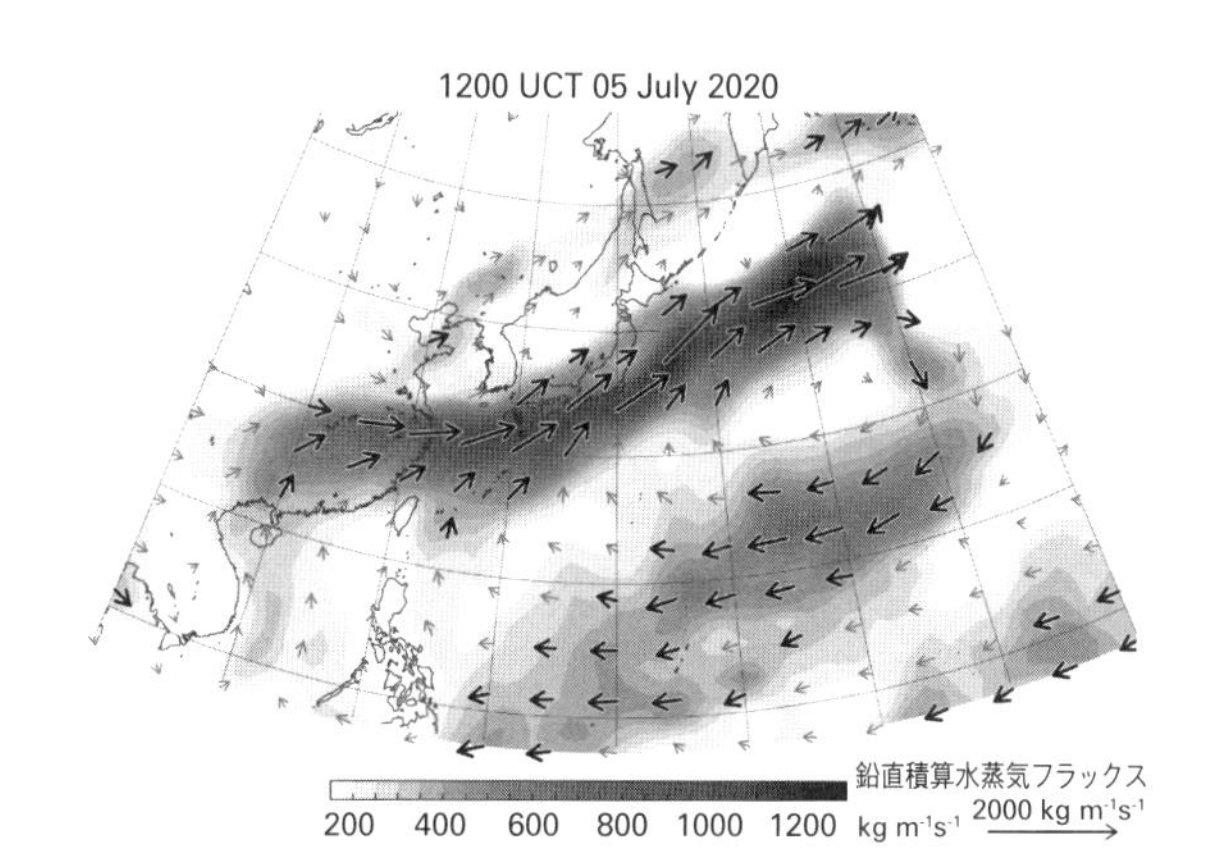

図 2－17　大気の川の例。2020 年 7 月 5 日 21 時の水蒸気の流れ。鉛直積算水蒸気フラックスとは、大気下層から上層まで積算した水蒸気量の輸送量。提供：筑波大学 釜江陽一氏

それがまるで川の流れのように細長くのびてアメリカ西岸にやってくることから、このような名前がつけられました。日本でも梅雨期や、発達した温帯低気圧が日本付近を通過する際に、多量の水蒸気が南あるいは西から流れ込むことがあり、アメリカ西岸と似たような現象が起こります。とくに梅雨期の大気の川は、これまでも**湿舌**（しつぜつ）（高度3キロメートル付近の湿った空気の流れ）として認識されていました。このことに着目して、2015年頃から東京大学海洋研究所や筑波大学などで、大気の川と豪雨の研究が盛んに進められています。平成30年7月豪雨や令和2年7月豪雨でも、大気の川が大雨に寄与したことが指摘されています（**図2－17**）。

日本では通常、南や南西から多量の水蒸気が入ってくるので、大気の川は南西から北東、ある

いは南から北にのびます。**2・10**の地形の影響を考えると、大気の川が流れてきたときは、山の南西斜面や南斜面で雨が多くなる傾向があります。具体的には、中部山岳の南西斜面の東海地方、紀伊半島、四国地方、九州地方などです。日本における大気の川の研究は、本格的に始まってから日が浅く、発展途上です。今後さらなる研究の進展が期待されます。

2・13 冬の豪雪

四季が明瞭な日本では、夏は豪雨による災害が、冬は豪雪による災害が発生します。ただ、豪雨と豪雪は災害の種類が異なります。豪雨の場合、河川の氾濫や土砂災害がおもな災害となりますが、豪雪の場合は、車の立ち往生による交通網への影響、集落の孤立、多量の雪が屋根に積もることによる家屋の倒壊、山沿いのなだれなどの災害が発生します。大雪が収まったあとには屋根の雪下ろしに伴う事故も起こりえます。また、大雪後の気温上昇や降雨によって、融雪に伴う河川の増水や浸水の被害が発生する可能性があります。

大雪は時間スケールによってふたつに分かれます。ひとつは、ひと冬を通して雪が多い場合。**1・9**で紹介した平成18年豪雪、昭和59年、56年、38年の五九豪雪、五六豪雪、三八豪雪などがこれにあたります。一方で、短期間に多量の雪が降ることによっても災害が発生します。いわゆるドカ雪です。たとえば、ひと晩に1メートル近い雪がいっきに積もると、もともと雪の多い豪雪地帯であっても除雪体制が間に合わず、生活に大きな影響が出てしまいます。山に新雪が多量に積もることで、なだれの危険も増します。短期間のドカ雪は、ひと冬を通して雪が少ない年にも起こる可能性があります。本章はここまで大雨に注目してきましたが、最後に日本の大雪についても見ていきましょう。

2・13・1　山に大雪をもたらす強い冬型の気圧配置

日本では冬季、西高東低の気圧配置になると、日本海側を中心に雪が降ります（**図2－18**）。西高東低の気圧配置はその名の通り、日本の西で気圧が高く（高気圧が存在）、日本の東で気圧が低い（低気圧が存在）気圧配置です。冬によく現れる気圧配置なので、**冬型の気圧配置**と呼ばれます。日本の西の高気圧は、シベリアでできるのでシベリア高気圧と呼ばれます。シベリア高気圧が張り出し、日本の東で温帯低気圧が発達すると、日本の西と東で気圧差が大きくなります。気圧差が大きければ大きいほど、天気図の中に引かれる等圧線の本数が増えていき、その間隔も狭くなります。本来、風は気圧の高いところから低いところに向かって吹き、気圧差が大きいほど強く吹きます。実際に吹く風は、地球の自転や地上の摩擦の影響で、だいたい等圧線に沿い、わずかに高気圧側から低気圧側に等圧線を横切る形で吹きます。**図2－18**のよ

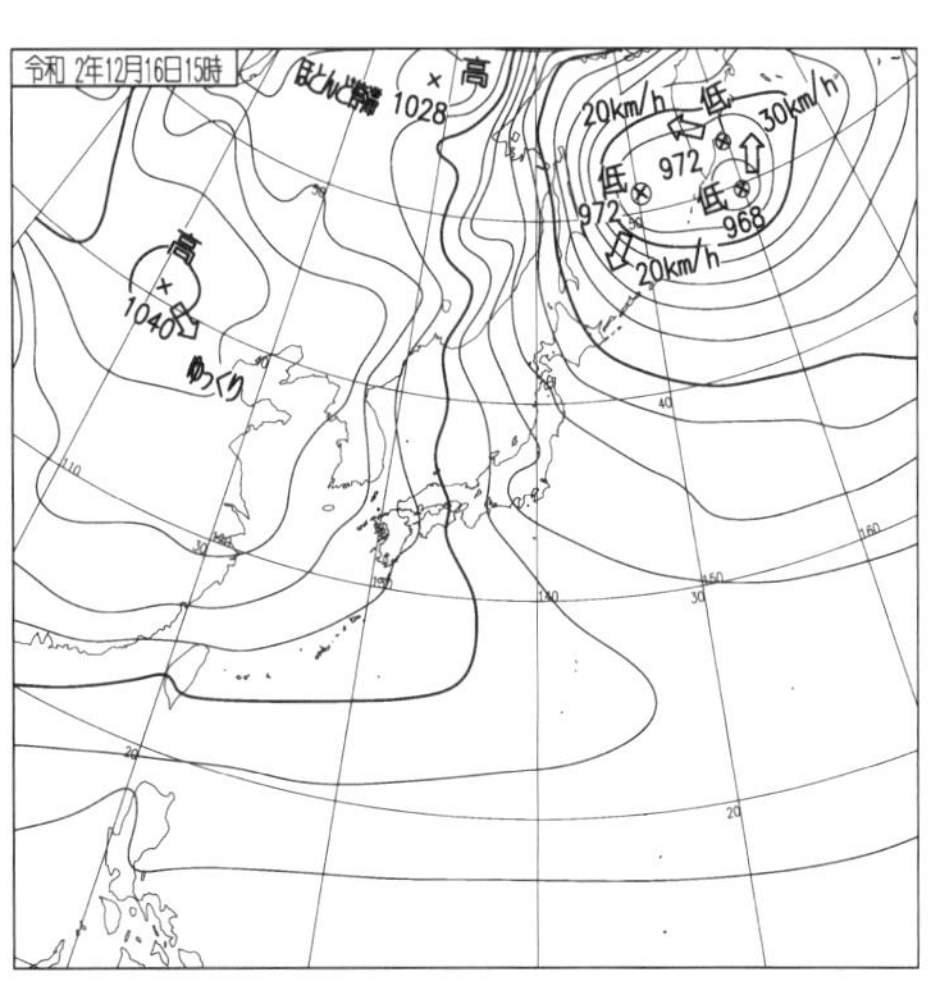

図 2－18　西高東低の冬型の気圧配置。2020 年 12 月 16 日 15 時。

うに等圧線が南北に走るときは、北北西から北西の風となり、この風に乗ってシベリアから強い寒気が日本に流れ込んでくるのです。

シベリアからの強い寒気だけでは日本海側で大雪にはなりません。寒いだけです。日本海側で大雪が降るためには、シベリアからの寒気のほかにもうひとつ大事な要因があります。それは日本海の存在です。シベリアから流れてくる空気は寒冷で乾燥しています（**大陸性寒帯気団**）。寒冷で乾燥した空気が日本海の上を通過する際、この空気に比べるとかなり温かい日本海から大量の水蒸気と熱をもらって湿った空気に変わり、雲ができます。このように日本海でできた雲は、その見た目から**筋状の雲**と呼ばれています（**図 2－19**）。筋状の雲は、日本海の海面水温と大陸から吹きだす寒気との温度差が大きいほど発生しやすくなります。筋状の雲が日本海上や日本海沿岸部で雪を降らせ、雪雲が発達すると、

図 2－19　寒気の吹き出しに伴う筋状の雲。2020 年 12 月 16 日 12 時。カラー画像を白黒に変換。提供：情報通信研究機構（NICT）

あられを降らせたり、落雷を発生させたりすることもあります。

筋状の雲はたしかに日本海側に雪を降らせますが、これだけでは豪雪にはなりません。次に鍵となるのが本州を南北あるいは東西に貫く脊梁（せきりょう）山脈です。北西の季節風が筋状の雲を引き連れて日本列島に到達すると、すぐに脊梁山脈にぶつかります。風が山にぶつかると行き場を失い、強制的に上昇させられます（**2・10**）。夏の場合と同じように、山の風上（つまり、日本海側の斜面）で雪雲が発達します。地形性上昇気流は季節風が吹いている間は常に生じることから、山沿いでは雪雲が常につくられることになり、冬型の気圧配置の間は雪が降り続きます。また、**2・11**で出てきたシーダー・フィーダー効果でも降雪が増えることがわかっています。実際、日本の豪雪地帯と呼ばれる場所のほとんどが、脊梁山脈の風上に当たる地域です。中でも雪が多いとされているのが、標高3000メートル級の山々を有する北アルプスです。ここでは毎年5メートル以上の雪が積もり、吹き溜まりでは10メートルを超える積雪になります。

2・13・2 日本海沿岸に大雪もたらす日本海寒帯気団収束帯（JPCZ）

強い冬型の気圧配置のとき、日本海側の山沿いでは大雪となりますが、平野部や沿岸部で山沿いほどの大雪になることはあまりありません。これらの地域で大雪が降る要因のひとつとして挙げられるのが、**日本海寒帯気団収束帯**（Japan Sea Polar airmass Convergence Zone：JPCZ）です。冬の北西の季節風は、朝鮮半島にある高い山（白頭山：標高2744メートル）を越えられず、ふた手に分かれて迂回します。迂回した風は日本海でふたたび合流します（**図2-20**）。合流した部分には風が集まる（収束する）ことから、**風の収束帯**と表現します。収束帯では風が水平方向には行き場を失い、上昇します。日本海から水蒸気を得た下層の湿った空気が上昇することで、とくに収束帯の南側では活発な雪雲や雨雲が次々に発生します。この収束帯がJPCZです。JPCZは、寒気は強いものの、風がそれほど強くない場合に形成されます。JPCZが日本海沿岸にかかると、生活に支障が出るほどの大雪をもたらすことがあり

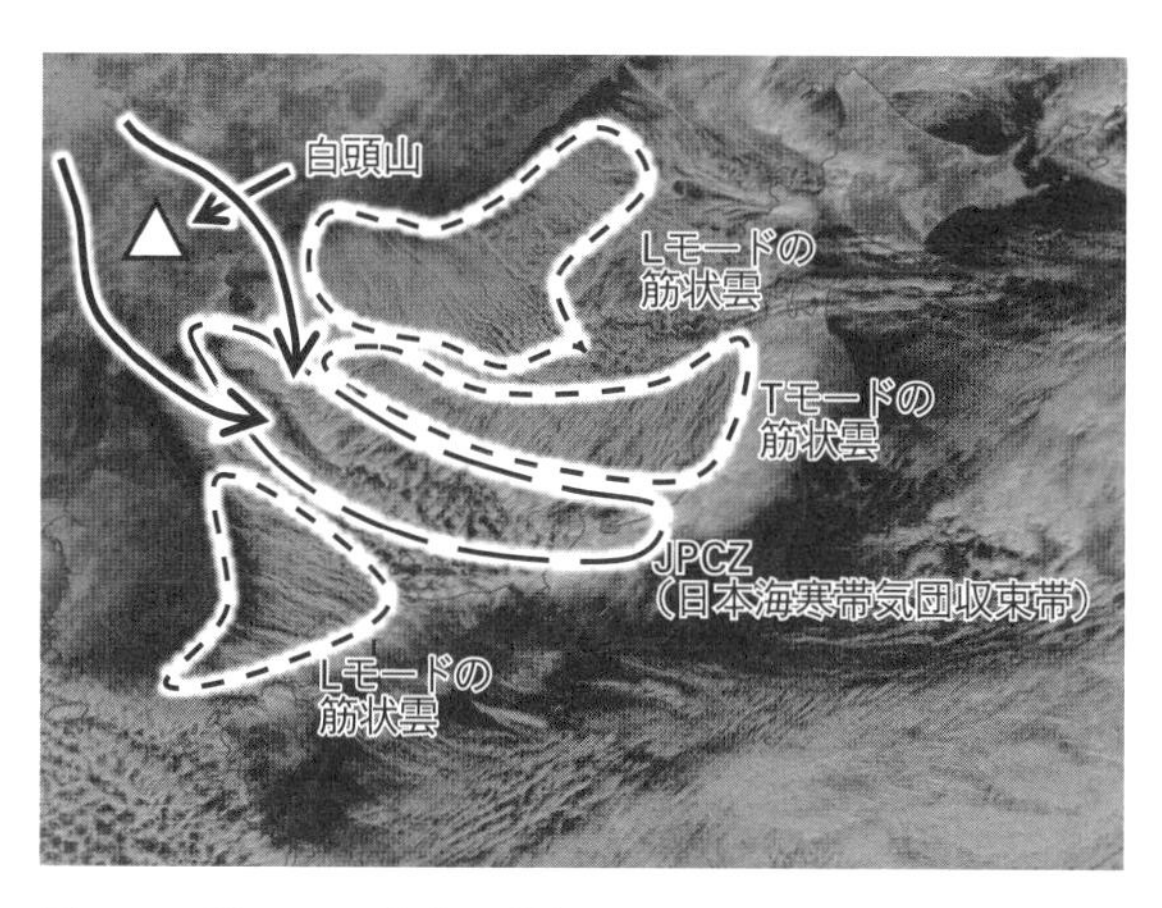

図2－20　図1－12に加筆。季節風に平行なL（Longitudinal）モードの筋状雲。白頭山を迂回した風が収束するJPCZ。季節風に直行するT（Transverse）モードの筋状雲。

ます。冬の風向や朝鮮半島の山の位置関係から、JPCZはおもに北陸地方から山陰地方にかけての沿岸部に大雪をもたらします。

JPCZによって、2021年1月上旬には富山県の沿岸部や新潟県の上越で大雪となったほか（**1・9**）、2018年2月には福井市で最深積雪147センチメートルを観測しました。このとき、福井市を南北に走る国道8号線で最大で約1500台の車が立往生し、交通が完全にマヒ。物流に大きな影響を与えました。2017年1月には、鳥取県智頭町で2日間に102センチの降雪があり、こちらでも、車の立往生などで大規模な交通障害が発生しました。また、2010年から2011年の年末年始に山陰地方で発生した大雪は、ちょうど大みそかから元日にかけての年越しの夜に大雪のピークを迎えたため、とくに大きな影響が出ました。鳥取県大山(だいせん)では1日に120センチもの降雪が観測され、山陰地方では大雪による車のスリップなどを発端に約1000台の車が道路で立ち往生しました。まさか年越しを大雪の中で立ち往生しながら迎えるとは思っていなかったでしょう。沿岸に降った多量の雪は、漁港などに停留中の漁船などにも積もり、346隻の船が積雪により転覆・沈没しています[24]。

2・13・3 関東地方に大雪をもたらす南岸低気圧

関東地方をはじめとする本州の太平洋側は、一部を除いて雪が降りにくい地域ですが、稀に大雪に見舞われることがあります。**南岸低気圧**による大雪です（**図2-21**）。南岸低気圧は、本州の南の海上を東に進む低気圧のことです。どの季節でもこのコースを低気圧が通ることはありますが、とくに降雪が絡む冬季に通る場合に南岸低気圧と呼ぶことが多いように感じます（正式な定義はありません）。大雪と言っても、ここまで見てきた日本海側の大雪と比べると、関東地方ではかなり少ない降雪で大雪となります。

降雪の頻度が低い関東平野は、雪への耐性がほとんどなく、わずか1センチの積雪でも交通網に大きな影響が出る可能性があります。10センチを超える積雪ともなれば、人々の生活に与える影響は日本海側の地域とは比べものになりません。大雪により災害が発生するおそれがあると予想したときに発表される大雪注意報（**3・4・1**）の基準は、新潟県十日町では12時間の降雪の深さ（降り積もる雪の深さ）が35センチであるのに対し、東京（千代田区）は、12時間の降雪の深さがわずか5センチです。12時間の降雪の深さが10センチを超えると、東京では大雪警報の基準です。そのため、首都圏にとって南岸低気圧に伴う降雪予報は非常に重要なのですが、これがなかなか難しいのです[25]。通常、地上の気温が0度以下であれば、空から降ってくるものは雪になります。ただ、気温や降水量は南岸低気圧のコースによって大きく変わります。低気圧が陸地から離れて通れば、雪雲・雨雲は陸地にかからず、雪や雨は降りません。逆に、陸地に近すぎると、南からの暖気が入り、雪雲がかかったとしても地上に落ちるまでに雨に変わってしまいます。雪になる目安として、以前は南岸低気圧が八丈島の南を通れば雪、北を通れば雨と言われていました。ただ、こ

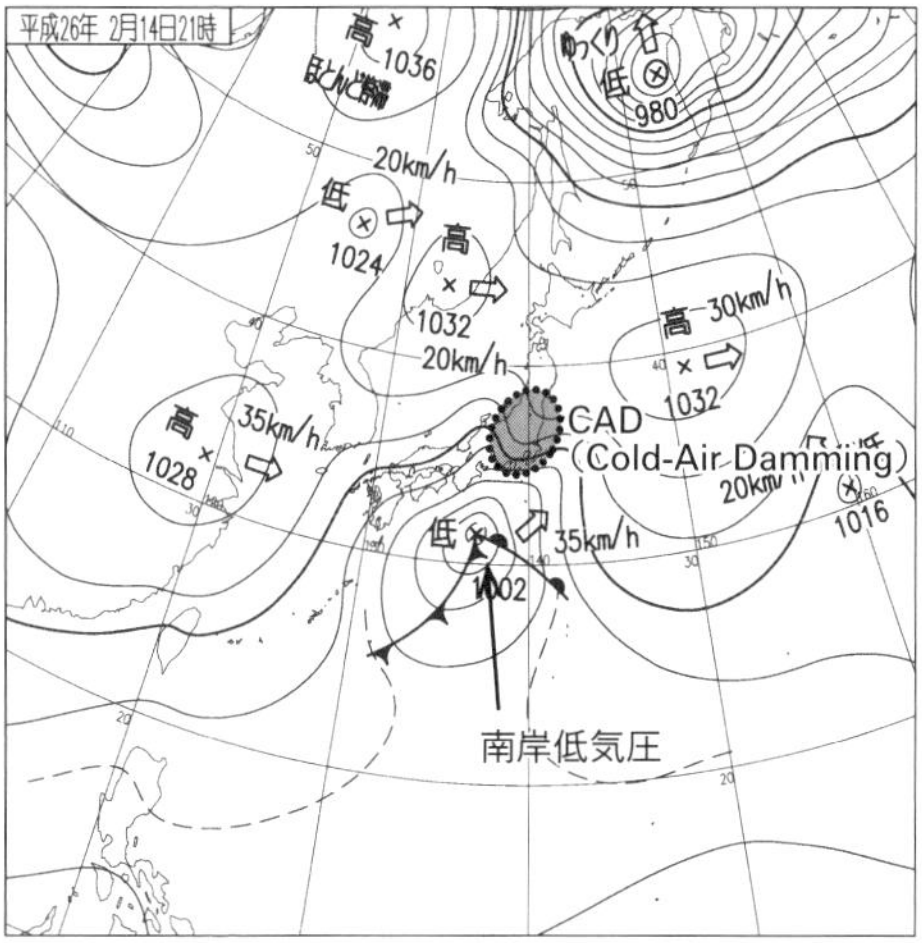

図2－21　関東甲信地方に記録的な大雪をもたらした南岸低気圧。2014年2月14日21時の天気図。

れはあくまで目安であって、実際には南岸低気圧のコースのほかに、「低気圧の発達度合い」「関東平野にたまる冷気と北東からの寒気の流入（Cold-Air Damming）」「降水の強さ」「降雪粒子の融解や蒸発による大気下層の冷却」「海からの暖気の流入」など、さまざまな要因が複雑に絡まり合って、関東平野が雪になるか、大雪になるか、雨になるか、何も降らないかが決まります。これらをすべて正確に予測する必要があるため、関東地方の雪の予報は難しいのです。詳細は拙著『地球温暖化で雪は増えるのか減るのか問題』[1]などをご参照ください。

2・13・4　関東甲信の記録的な大雪

実際に南岸低気圧により関東地方で大雪が降った例を見てみましょう。２０００年以降に発生した一番の大雪が２０１４年２月14日の大雪です（**図２－21**、２０２１年６月時点）。この年は２月８日にも関東で大雪が降っていたので、２週連続の大雪となりました。普段は雪がほとんど降らない関東平野ですが、このときは、埼玉県熊谷市で62センチ、群馬県前橋市で73センチと、衝撃的な積雪を観測しました。私は関東に住んで20年になりますが、まさか熊谷で60センチを超えるような大雪が降るとは思いませんでした。

当初、低気圧が関東に近づくにつれて暖気が入り、次第に雪が雨に変わる予想で、ここまでの大雪は予想されていませんでした。しかし、さきほど紹介した雪が降る条件を維持して、夜遅くまで雨に変わることなく、雪のまま降り続きました。その結果、近年稀に見る大雪となってしまいました。甲信地方では、降り始めから降り終わりまで雪のまま降ったところが多く、山梨県河口湖で１４３センチ、甲府で１１４センチの最深積雪を観測しました。すでに積もっていた2月8日の雪を除くと、新たに積もった雪は河口湖、甲府ともに１１２センチでした。甲府では１８９４年の統計開始から２０１４年までの最深積雪が49センチでしたので、このときの積雪がいかに多かったのかがわかります。14日の降雪は、関東平野では気温0度以上で降った湿り雪でした。湿り雪は水分を含んだ重い雪です。また、夜は雨に変わり、それまでに積もった多量の雪が雨水を蓄えるかたちになりました。そのため、積雪の重みが増し、雪の重みで屋根やビニールハウスの倒壊があちらこちらで発生しました。余談ですが、私はこの日たまたま、関東から離れており、大雪には遭遇しませんでした。

2・14 気象災害はいつでも起こりうる

本章では、第1章で紹介した豪雨だけでなく、豪雪を引き起こす要因についてもくわしく見てきました。日本は世界的に見ても気象災害が多い国です。夏は梅雨の大雨、夏から秋は台風の大雨と暴風、冬の大雪、春の爆弾低気圧による暴風雪など、どの季節も安心できません。夏は猛暑の脅威もあります。

これらはいずれも自然の現象のため、残念ながら事前に止めることはできません。また、本章でお話した現象は、地球温暖化とは関係なく発生します。地球に大気と水、重力があり、自転・公転していれば起こる現象です。豪雨などが原因で気象災害が発生すると、地球温暖化と関連づけがちですが、地球温暖化がなかったとしても豪雨や豪雪は発生するのです。一方、地球温暖化の寄与がまったくないかというと、そんなことはありません。地球温暖化と豪雨・豪雪との関係は第4章以降でくわしくお話しますので、もう少しお待ちください。

第3章

豪雨をとらえる

第1章では近年の豪雨の紹介、第2章では豪雨や豪雪のメカニズムをお話ししてきました。気象庁では、豪雨や豪雪の状況をいち早くとらえるため、種々の観測網を張り巡らせています。また、数値予報モデルを用いることで予報精度の向上に取り組んでいます。第3章では少し視点を変えて、気象庁が行う観測や数値予報、それらをもとに出される情報について見ていきましょう。

3・1 雨の状況を把握する～アメダスと気象レーダー～

気象庁は大雨や大雪の状況を把握するために、全国に密な観測網を整備しています。これは**地域気象観測**システムと呼ばれ、アメダス（AMeDAS：Automated Meteorological Data Acquisition System）という名称がついています。アメダスは全国におよそ1300カ所（約17キロメートル四方に1カ所）あり、気温や降水量、風、積雪を測っています。2021年3月4日から、新たに湿度の観測が開始されました。一方で、2021年3月までは日照時間も観測していましたが、それ以降は推計気象分布（観測データから1キロメートルメッシュごとに推計した気温、天気、日照時間の分布）から得られる推計値が用いられるようになりました。アメダスは全国に約1300カ所ありますが、気温や風が観測されている地点は約840カ所です。積雪の観測はさらに少なく、雪の多い地域が中心です。一方、降水量はほぼすべてのアメダスで観測されていて、密な観測網が敷かれています。また、気象庁のアメダスのほか、国土交通省や地方自治体が保有する雨量計が全国に整備されており、気象庁もこれらの雨量計で観測された降水量を利用しています。

現在の雨雲の様子を面的に把握できるのが**気象レーダー**です。気象レーダーはアンテナを回転させながら電波（マイクロ波）を発射し、戻ってきた電波から半径数百キロメートルの広範囲内に存在する雨や雪を観測することができます。また、ドップラー効果（発した電波が移動中の物体に当たってはね返ってくると、電波の周波数が変わる現象）を利用して、戻ってきた電波の周波数のずれから降水域の風を観測することもできます（正確には、気象レーダーに近づいてくる、または遠ざかっていく風の速さを観測します）。気象庁は2021年3月現在、全国20地点に気象レーダーを配備して、常時観測を行っています。さらに気象庁は、2020年3月から二重偏波気象ドップラーレーダーの導入を開始しました。二重偏波レーダーでは横方向（水平方向）と縦方向（垂直方向）に振動する電波を用いることで、降水粒子の形（雨か雪かあられかなど）を判別し、降水の強さをより正確に推定することができます。線状降水帯を捉えるうえでは、気象レーダーがもっとも威力を発揮します。

気象レーダーの観測を利用して、気象庁は**高解像度降水ナウキャスト**を提供しています。高解像度降水ナウキャストは、気象庁が保有する気象レーダーやアメダスの雨量計のデータに加え、国土交通省や自治体が保有する全国の雨量計データや国土交通省のレーダー、上空の風を測るウィンドプロファイラ、高層気象観測などの情報も活用し、２５０メートル解像度で現在の降水量分布と30分先までの（それ以降1時間先までは1キロメートル解像度で）降水の短時間予報を提供しています。ＧＰＳの位置情報と組み合わせることで、今、自分がいる場所の雨雲の様子と今後の予想を知ることができます。

3・2 雨量計の観測と気象レーダーの融合～解析雨量～

気象庁・国土交通省が保有する気象レーダーのデータに、気象庁や国土交通省、地方自治体が管理する全国の雨量計のデータを組み合わせて、全国の降水量分布を1キロメートル四方で解析したデータが**解析雨量**です。解析雨量は前1時間の積算雨量として提供されていて、30分に1度更新されます。**3・1**の気象レーダーは、広域の雨を面的にとらえることができますが、これは高度2キロメートルの雨の情報であって、精度は雨量計に劣ります。解析雨量はレーダーによる観測値を雨量計の値で補正することで、両者の長所を生かし、面的に隙間のないより正確な雨量分布を知ることができます。線状降水帯をはじめ、豪雨の事後解析の際には解析雨量が用いられることが多いです。

3・3 コンピュータを用いた予報～数値予報～

大雨の実況把握には気象レーダーや雨量計が威力を発揮します。では、今後の降水量を予測する場合はどうしたらよいでしょう。短時間の予測であれば、気象レーダーでとらえられた雨雲の動きから推測することができるでしょう。ただ、その場合、途中で雲が発達したり、衰退したり、新しい雨雲ができることは予測できません。そこで力を発揮するのが**数値予報モデル**です。気象庁は数値予報モデルを用いた数値予報を行うことで、数時間先の雨雲の予測に役立てています。数値予報モデルは数時間先の予報だけではなく、1日先、3日先、1週間先、さらには1カ月先、半年先の予報も行っています。どれくらい先を予報するかによって、使う数値予報モデルが異なります。ここでは数値予報モデルがどういうものなのか見ていきましょう。

3・3・1　大気の流れを〝解く〟

数値予報モデルは物理法則に基づいて大気や海の流れを計算します。大気に特化したモデルを**大気モデル**、海に特化したモデルを**海洋モデル**と呼びます。ここでいう物理法則とは、高校物理で習う運動方程式や質量保存則、熱力学の第一法則などです。このほかに、降水過程や放射過程、植生・土壌過程など、大気に影響を与えるさまざまな地球上の現象を計算していますす（**図3－1**）。なお、どこまでの現象を考慮するかは、数値予報モデルの種類によります。計算は地球の大気や海を緯度経度方向と高さ方向に格子状に分割し、そのひとつひとつの格子（メッシュ）で行います（**図3－2**）。季節予報や暖候期予報と呼ばれる長期の予報には、大気と海洋を両方計算する数値予報モデル（大気海洋結合モデル）が用いられます。

数値予報モデルに用いられる物理の方程式は非常に複雑なため、当然、人が紙と鉛筆で解くことはできません。そこで登場するのがスーパーコンピュータです。方程式の解法をコンピュータ言語で書き（いわゆるプログラミング）、スーパーコンピュータが方程式を解きます。この方程式の解こそが、日々の天気予報で用いられる気温や風、降水量なのです。

明日や明後日の天気を予報するために大事になってくるのが、「現在の大気の状態（スーパーコンピュータが方程式を解くもとになる初期状態）をいかに知るか」です。数値予報は初期状態が少し違ってもしばらくは同じような答えを出しますが、ある時点からずれ始め、最終的

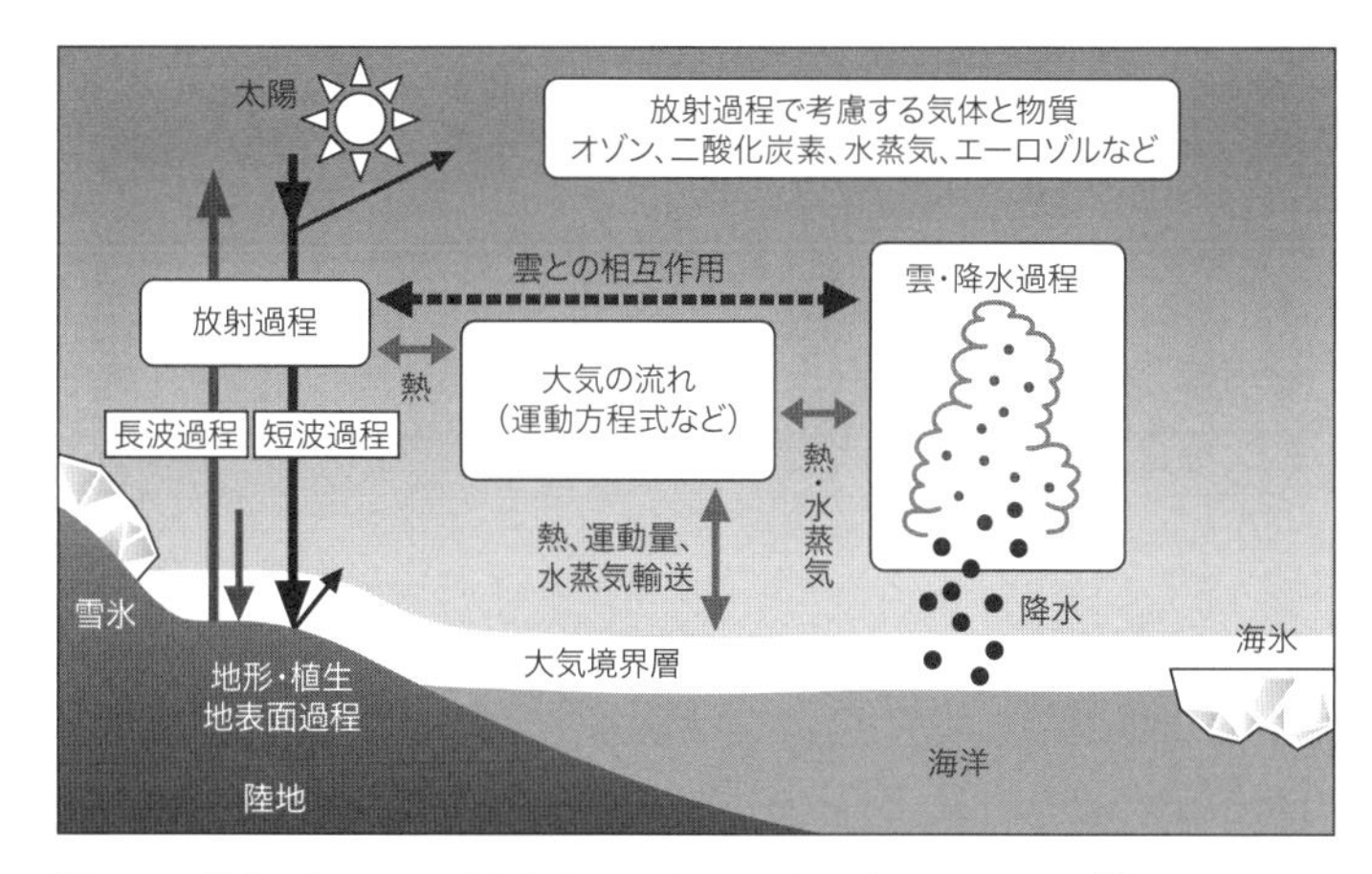

図 3－1　数値予報モデルが考慮する現象の例。気象庁ホームページ(1)を参考に作成。

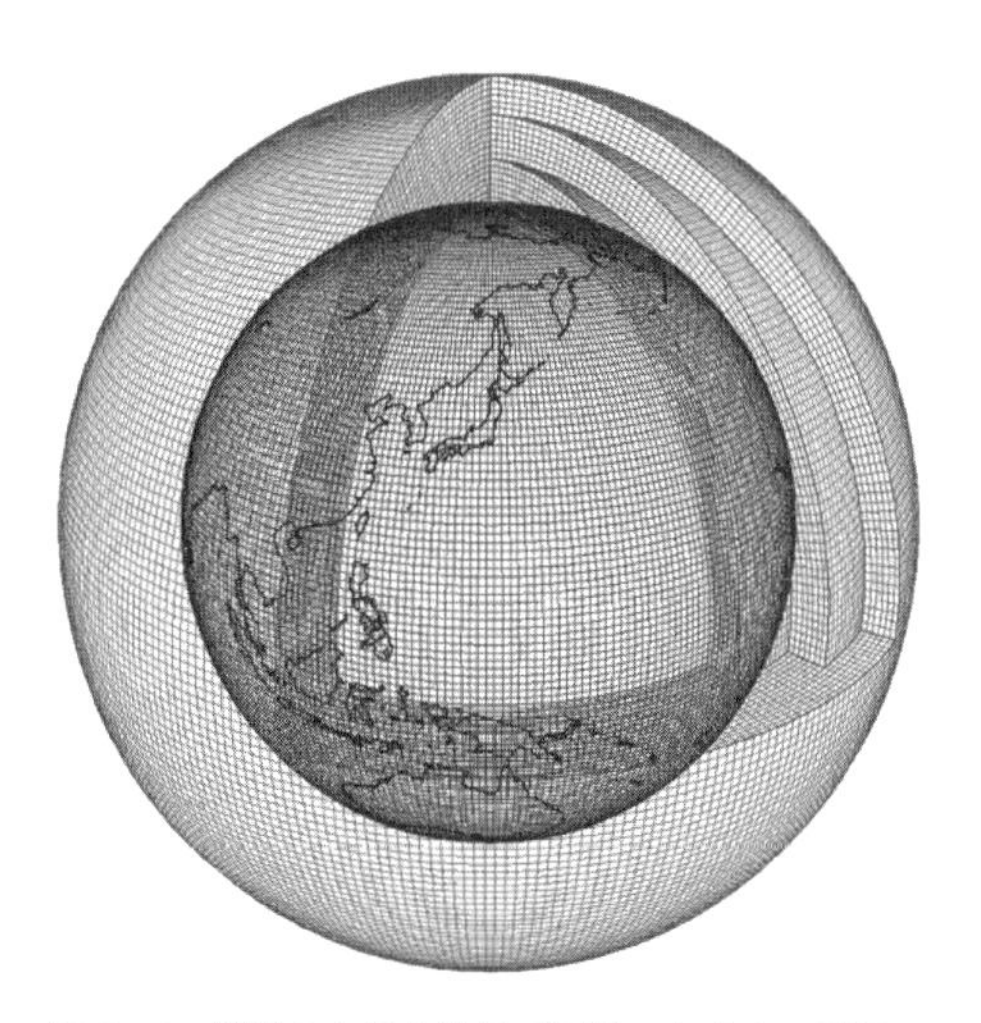

図 3－2　地球の大気を格子で区切ったイメージ図。
出典：気象庁ホームページ(1)

にはまったく違う予報になってしまいます。これを**大気のカオス性**と言います。現在の大気の状態を知るために必要となるのが観測です。気象庁は地上気象観測のほかに、船舶での観測、上空の大気の流れを測る高層気象観測、レーダー観測、衛星観測など種々の観測データを常時集めています。これらの観測と数値予報モデルを組み合わせて、もっともらしい〝現在の状態〟を推定しています。これを専門用語で**データ同化**と呼びます。

実際に天気予報を行う際には、数値予報モデルで計算された結果をそのまま使っているわけではありません。数値予報のデータは、天気や最高気温、雨量などの天気予報に利用しやすい情報に翻訳されています。その際、統計処理を用いることで、数値予報モデルでは表現できない細かな地形の影響によって系統的に（毎回似た形で）生じる誤差の補正などが行われています。この処理を通して、全国各地の天気、気温、降水確率などの予報が出されています。これを**天気予報ガイダンス**と呼んでいます。

3・3・2　いろいろな数値予報モデル

気象庁には「全球モデル」「メソモデル」「局地モデル」など、さまざまな名称の数値予報モデルが存在します（**表3－1**、**表3－2**）。これらは空間分解能（メッシュの粗さ）や予報時間（どの程度先まで予報するか）によって使い分けられています。

表 3－1　おもな数値予報モデルの概要（全球モデル）

数値予報システム（略称）	モデルを用いて発表する予報	予報領域と格子間隔	予報期間（メンバー数*1）	実行回数（初期値の時刻）
全球モデル（GSM）	分布予報 時系列予報 府県天気予報 台風予報 週間天気予報 航空気象情報	地球全体 約 20 km	5.5 日間	1 日 2 回（06、18 UTC*2）
			11 日間	1 日 2 回（00、12 UTC）
全球アンサンブル予報システム（GEPS）	台風予報 週間天気予報 早期天候情報 2 週間気温予報 1 カ月予報	地球全体 18 日先まで 約 40 km 18～34 日先まで 約 55 km	5.5 日間*3（51 メンバー）	1 日 2 回（06、18 UTC）
			11 日間（51 メンバー）	1 日 2 回（00、12 UTC）
			18 日間（51 メンバー）	1 日 1 回（12UTC）
			34 日間（25 メンバー）	週 2 回（12UTC 火・水曜日）
季節アンサンブル予報システム（JMA/MRI-CPS2）	3 カ月予報 暖候期予報 寒候期予報 エルニーニョ監視速報	地球全体 大気 約 110 km 海洋 約 50～100 km	7 か月（13 メンバー）	半旬 1 回（00UTC）

＊1　ある時刻に少しずつ異なる初期の値（初期値）を与えるなどして実施した予測の数。

＊2　UTC は協定世界時。00、06、12、18UTC は、それぞれ日本時間で、9 時、15 時、21 時、3 時に対応する。

＊3　台風が存在するときなどに配信。

気象庁ホームページ(2)を参考に作成。

表3－2　おもな数値予報モデルの概要（領域モデル）

数値予報システム（略称）	モデルを用いて発表する予報	予報領域と格子間隔	予報期間（メンバー数）	実行回数（初期値の時刻）
局地モデル（LFM）	航空気象情報 防災気象情報 降水短時間予報	日本周辺 2 km	10 時間	毎時
メソモデル（MSM）	防災気象情報 降水短時間予報 航空気象情報 分布予報 時系列予報 府県天気予報	日本周辺 5 km	39 時間	1 日 6 回（03、06、09、15、18、21 UTC）
			51 時間	1 日 2 回（00、12 UTC）
メソアンサンブル予報システム（MEPS）	防災気象情報 航空気象情報 分布予報 時系列予報 府県天気予報	日本周辺 5 km	39 時間（21 メンバー）	1 日 4 回（00、06、12、18 UTC）

気象庁ホームページ[2]を参考に作成。

まず、数日先以降の天気予報を行うために使うのが**全球モデル**です。全球モデルはその名の通り、地球全体を計算する数値予報モデルです。地球上の大気はつながっているため、日本の数日先の天気を知るためには日本付近だけではなく、世界全体を計算する必要があります。とくに日本の西のシベリアやヨーロッパ、南の熱帯の大気の状態は、数日後の日本の天気に影響を与える可能性があります。全球モデルによる予測結果をもとに、地上の天気図や上空の天気図がつくられています。上空の天気図は高度約1500メートルや約5500メートルなどの大気の流れ

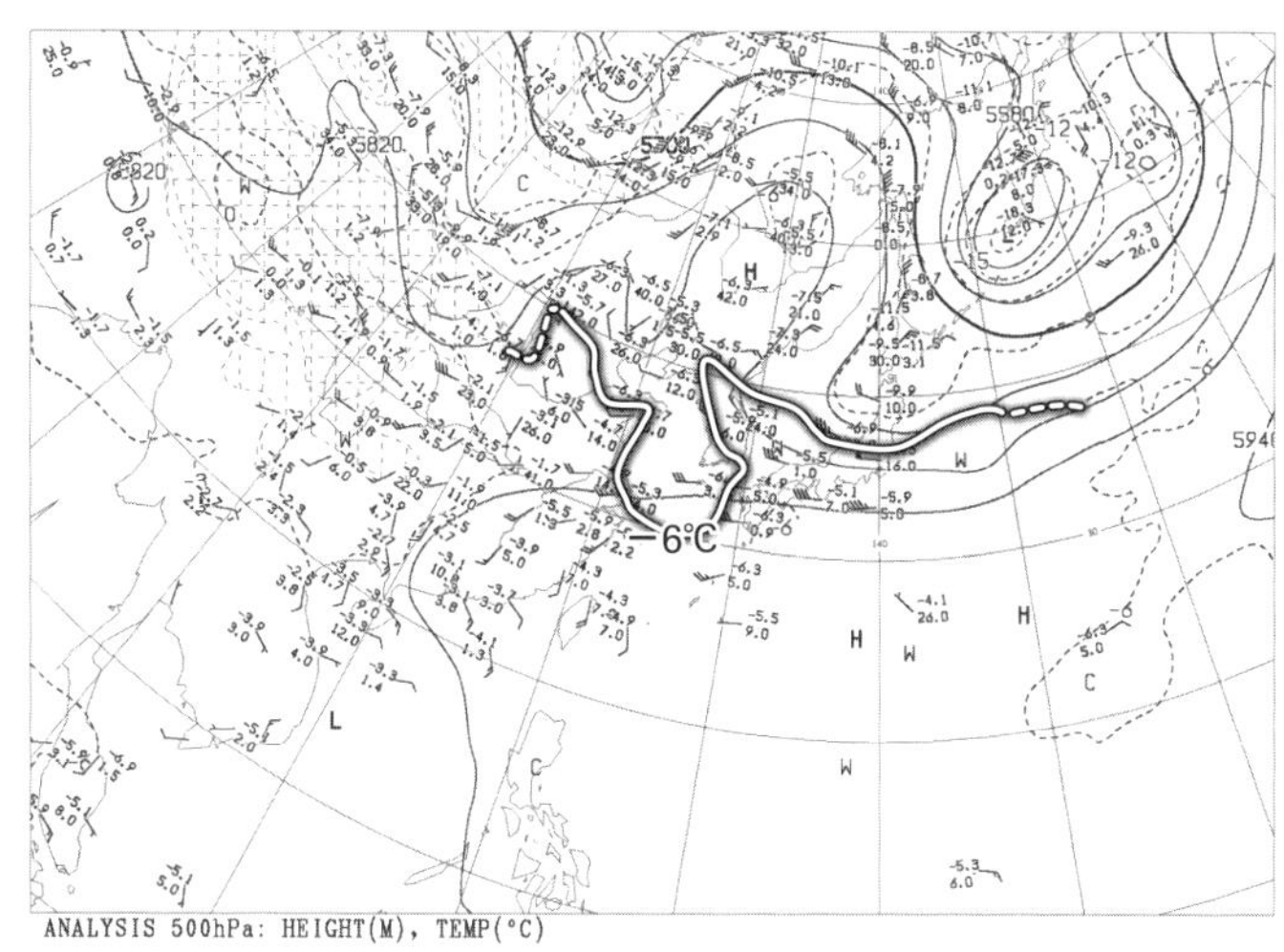

図3－3　2017年7月5日9時の500 hPa高層天気図。平成29年7月九州北部豪雨発生時。九州の西の海上の－6℃の等温線を加筆。上空に寒気が入っていることがわかる。

を示したものですが、実際には気象学的に都合の良い気圧面で描かれます（約1500メートルは850ヘクトパスカル、約5500メートルは500ヘクトパスカル。**図3－3**）。気象予報士や気象の研究者にとっては見慣れた図ですが、一般の目に触れることはほとんどないと思います。ここではそういうものだと思って見てください。もし、テレビなどの天気予報で「上空に寒気が流れ込み、大気の状態が不安定になるため、激しい雨や雷雨の可能性があります」や、「暖かく湿った空気が流れ込み、大雨になる予想です」などの解説があったときは、**図3－3**のような天

図3－4　2021年時点での全球モデルで使われている地形。気象庁ホームページ[3]の図を一部加工して作成。

気図の情報をもとに解説していると思ってよいでしょう（上空の寒気の場合はほぼ、５００ヘクトパスカル気圧面の情報に基づいています）。

全球モデルはおよそ20キロメートルメッシュで世界を分割して計算しています。**図3－4**が全球モデルの中で使われる地形です。20キロメートルメッシュでも中部山岳など日本の地形が再現されている様子がわかります。ただ、実際にはもっと複雑な地形をしています。また、豪雨の要因となる線状降水帯や台風を再現するためには、20キロメートルメッシュでは不十分なことがわかっています。そこで、世界全体の大気の流れは全球モデルを用いて計算し、日本の周辺だけをより分解能の高い数値予報モデルを用いて計算しています。それが**メソモデル**と**局地モデル**です。メソモデルは5キロメートルメッシュ、局地モデルは2キロメートルメッシュの数値予報モデルです。

メソモデルや局地モデルを用いることで、狭い領域で発生する線状降水帯や地形性の雨を再現する可能性が高くなり、豪雨の予測に役立てられています。また、**2・13**で紹介した冬型の気圧配置のときに日本海側で降る雪、JPCZに伴う大雪、南岸低気圧による関東甲信の大雪なども、高分解能のメソモデル、局地モデルを用いることで、より現実に近い形で予測できるようになります。

高分解能のモデルがよいなら、初めから世界全体を高分解能モデルで計算すればよいのではと思うかもしれません。しかし、分解能が高くなると計算時間がいっきに膨れ上がります。たとえば、20キロメートルメッシュが10キロメートルメッシュになると、ひとつのメッシュの面積は20×20＝400平方キロメートルが、10×10＝100平方キロメートルになるので、4倍になります。また、水平方向だけではなく、高さ方向のメッシュの数も増えます（通常は2倍にまでは増えません）。さらに、ここは専門的になりますが、数値予報をするうえでの時間分解能（何秒間隔で方程式を解いていくか）も2倍程度にしないといけません。つまり、メッシュを2倍にすることで、8倍から16倍の計算機資源を使うことになってしまいます。現在、5キロメートルメッシュのメソモデルは予報期間が39時間（ただし、日本時間9時と21時からの予報は51時間）、2キロメートルメッシュの局地モデルは予報期間が10時間と予報期間が違うのは、計算機資源の問題があるためです。今後の計算機の発展や技術発展により、予報期間の延長やさらなる高分解能化が進む可能性があります。ただ、計算機資源が増えた場合、単純に高分解能化するのではなく、次に紹介するアンサンブル予報をたくさん行うことで、天気予報の幅を広げることができます。

3・3・3　アンサンブル予報

数値予報モデルで計算した結果がひとつしかないと、ひとつの予報をもとに天気予報を行うしかありません。これを**決定論的予報**と呼びます[4]。決定論的予報でも明日、明後日の日本の天気がどうなるかを計算することはできますが、予報はひとつです。これに対し、計算を開始する初期の状態を少し変えて、似たような条件でたくさんの計算を行い[5]、大雨や少雨、高温、低温の発生を確率的に評価する方法があります。**アンサンブル予報**です。「アンサンブル」はフランス語で「集合体」という意味ですので、予報の集合体と思えばよいでしょう。

数値予報では、わずかに異なるふたつの初期値（初期状態）から計算を始めると、最初は両者が似たような振る舞い（似たような予報）を示しますが、その差は次第に大きくなります。つまり、明日の予報はどちらも晴れを予測したとしても、1週間後の予報は、片方は晴れ、もう片方が雨となることがあるのです。アンサンブル予報はこの特徴を利用して行われています。初期値をふたつではなくたくさん用意して計算を始めると、それぞれが次第に異なる予測を始めます。そのばらつきが小さいと（たとえば、どのモデルも晴れを予測している）と、信頼度が高い（晴れの確率が高い）予報となります。逆に、予測がばらついていると、信頼度が低い予報となります。予測のばらつきは、そのときの大気の流れによって変わってきます。比較的アンサンブルのばらつきが小さく、予報しやすい日もあれば、ばらつきが大きく予報が難しい日もあります。また、たくさんの予測を行うことで、晴れる確率や雨の降る確率を求めることができます。このため、**確率予報**とも呼ばれています。

たとえば、少し異なる初期状態を50個用意して、50通り（専門的には50メンバーと呼びます）の数値予報を行ったとしましょう。5日後に雨が降ると予測した結果が25個、雨が降らないと予測した結果が25個だった場合、雨の予報が難しく、数値予報の信頼度は低くなります。一方、50通りのうち45通り雨が降るという予測が出れば、90パーセントの確率で雨が降るということです。この場合、初期状態が少々違ったとしても予報が変わらないことから、予報の信頼性が高いと言えます。ただし、予報時間が長くなるほど、たとえ多くの数値予報モデルが似たような結果を出していたとしても、いずれも実際とは異なる天気を予測している可能性があるので、結果の解釈には注意が必要です。

アンサンブル予報は、明日・明後日の天気予報、週間天気予報、台風進路予報、季節予報など、さまざまな予報に使われています。予報期間の短いものから順に、メソアンサンブル予報システム（MEPS）、全球アンサンブル予報システム（GEPS）、季節アンサンブル予報システム（ＪＭＡ／ＭＲＩ－ＣＰＳ２）と呼ばれています（**表３－１、表３－２**）。

気象庁が発表する週間予報には、降水の有無の信頼度がＡからＣの三段階で付加されています。この信頼度の算定にアンサンブル予報が使われています。Ａは確度が高い予報（適中率が明日の予報並みに高い）、Ｂは確度がやや高い予報（適中率が４日先の予報と同程度）、Ｃは確度がやや低い予報（適中率が信頼度Ｂよりも低い）です。通常のテレビの天気予報では信頼度までは表示されませんが、気象庁のホームページに掲載される週間天気予報には信頼度が載っていますので、数日先の予定を立てられる際の参考にされるとよいと思います。

豪雨の予測に有効なアンサンブル予報が**メソアンサンブル**です。メソアンサンブルは５キロメートルメッシュのメソモデルを用いたシステムで、21個の予測を出しています。５キロメートルメッシュであれば大雨をもたらす現象をある程度表現することができるので、21個の予測の中でどれだけ豪雨を予測したかを調べると、豪雨の起こりやすさがわかると考えられます。ただ、狭い範囲に記録的な豪雨をもたらす線状降水帯の確率的予測をするためには、もっとたくさん（１００個や１０００個）の計算が必要だと指摘されています。数を増やせば増やすだけ、スーパーコンピュータの資源がたくさん必要になります。ただ、やみくもに計算を増やすだけではなく、本節の最初に書いた初期の状態をどのようにより正確につくるか、どのように複数つくって、予測をばらつかせるか（専門的な表現では、初期摂動をどのように与えて予測をばらつかせるか）も重要になってきます。いったいどれくらいの計算をすればよいのか、2021年から本格運用が開始されたスーパーコンピュータ「富岳」を用いた研究が行われています。

数値予報モデルとアンサンブル予報の手法は、地球温暖化に伴う気候変動予測にも用いられています。こちらは第4章と第5章で改めて紹介します。

3・4　気象情報を活用して豪雨を読む

ここでは観測データや数値予報の情報をもとに気象庁から発表される情報を整理しておきます。すでにご存じの方は飛ばしていただいても結構です。なお、これは2021年6月現在の情報です。注意報や警報の種類が変わることは当面はないと思いますが、そのほかの情報については、廃止や改良、新設される場合がありますので、常に最新の情報を得るように心がけておくとよいでしょう。

3・4・1　注意報、警報、特別警報

気象庁は、大雨や大雪などによって災害が発生する可能性があるとき、その度合いに応じて

表３－３　気象庁が発表する注意報、警報、特別警報

特別警報（全６種類）	大雨、大雪、暴風、暴風雪、波浪、高潮
警報（全７種類）	大雨、洪水、大雪、暴風、暴風雪、波浪、高潮
注意報（全16種類）	大雨、洪水、大雪、強風、風雪、波浪、高潮、雷、濃霧、乾燥、なだれ、着氷、着雪、融雪、霜、低温

注意報、警報、特別警報の三つの種類の情報を発表しています。以前は地域単位で発表されていましたが、２００４年の梅雨前線や台風による災害を機に、市町村ごとに警報や注意報を発表するようになりました。２００４年は**１・８**で少し触れた「平成16年7月新潟・福島豪雨」と「平成16年7月福井豪雨」のふたつの豪雨が発生した年です。現在は特別警報も市町村単位で発表されます。

注意報から順に見ていきましょう。注意報は災害が発生するおそれのあるときに注意を呼びかける際に発表されます。全部で16種類あります（**表３－３**）。よく出る注意報は、「大雨」「洪水」「強風」「波浪」「乾燥」「雷」「大雪」あたりでしょうか。このほかに、「高潮」「濃霧」「低温」「霜」「風雪」「なだれ」「着雪」「着氷」「融雪」注意報がありま す。こうして見ると、意外と低温や雪に関する注意報が多いことがわかります。それぞれの注意報の詳細は気象庁のホームページ[6]に載っていますので、くわしく知りたい方はご参照ください（**表３－３**の二次元バーコードはホームページへのリンク）。注意報を発表する基準は、

市町村単位で細かく決まっています。**2・13・2**でも例に出しましたが、大雪注意報の発表基準は、雪の多い新潟県津南町では12時間の降雪深が35センチ、雪の少ない東京（千代田区）では、わずか5センチです。そして今まで雪が降ったことがない沖縄県那覇市にはそもそも大雪注意報の基準はなく、発表されることはありません。

次に警報です。警報は気象庁が重大な災害が発生するおそれがあるときに警戒を呼びかける際に発表されます。次の特別警報が運用されたために、警報がやや軽視される傾向がありますが、警報が出された段階で重大な災害が発生するおそれがあることを知っておく必要があります。警報の種類は注意報より少なく、「大雨」「洪水」「暴風」「波浪」「高潮」「大雪」「暴風雪」の7種類です。この中で大雨警報は、警戒すべき項目によって2種類に分かれます。大雨が降っている最中あるいは直後に警戒すべき「浸水害」と、大雨発生後にも警戒が必要な「土砂災害」です。大雨警報発表時に「大雨警報（土砂災害）」、「大雨警報（浸水害）」または「大雨警報（土砂災害、浸水害）」という形で明記されます。雨がやんでも重大な土砂災害などのおそれが残っている場合には大雨警報は継続されます。通常のテレビの天気予報では大雨警報としか表示されない場合が多いので、土砂災害と浸水害のいずれかあるいは両方に出されているのかを、気象キャスターの解説や気象庁のホームページで確認するとよいでしょう。

最後に特別警報です。気象庁は2013年8月30日から「特別警報」の運用を開始しました。

特別警報は、警報の発表基準をはるかに超える数十年に一度の大雨や大雪、台風や温帯低気圧による暴風、高潮、高波が予想され、重大な災害が発生するおそれが著しく高まっている場合に発表されます。気象庁から出される最大級の警戒情報です。特別警報は、「大雨」「暴風」「波浪」「高潮」「大雪」「暴風雪」の6種類です。警報や注意報とは違い、特別警報が発表された時点ですでに甚大な災害が発生あるいは間近に迫っています。このため、特別警報が発表される前には避難を完了していることが望まれます。もし避難できていない場合は、本来の避難場所に行くことにこだわらず、自宅の安全な場所あるいは近くの安全な建物に移動するなど、命を守る行動を取るようにしてください。

本書のテーマである豪雨と関係が深いのが大雨特別警報です。大雨特別警報には大雨警報と同様に、浸水害と土砂災害の2種類があります。発表の基準となる指標は、長時間指標と短時間指標のふたつがあり、5キロメートルメッシュの3時間降水量や48時間降水量、土壌雨量指数（**3・4・2**）の50年に一度の値と、1キロメートルメッシュの危険度分布（**コラム④**参照）の技術が用いられています。警報と特別警報の種類を見比べると、洪水だけ特別警報がありません。洪水に関しては、気象庁と国土交通省あるいは都道府県が、流域面積の大きな河川を対象にした**指定河川洪水予報**の中で氾濫に関する情報を出すため、洪水の特別警報は行われていません。「○○川氾濫発生情報」が警戒レベル5相当（**3・5**）で、特別警報に相当します。

特別警報の運用開始後、大雨特別警報はほぼ毎年のように日本のどこかで発表されていますが、大雪特別警報はまだ出されていません。２０１４年2月14日に関東甲信で降った大雪は、過去１００年間の記録を広範囲で塗り替えるほどの積雪にもかかわらず、大雪特別警報は出されませんでした。これは大雪の特別警報の基準によるものです。大雪特別警報は数十年に一度の現象というほかに、「府県程度の広がりをもって、50年に一度の積雪深となり、かつ、その後も警報級の降雪が丸一日程度以上続くと予想される場合」に発表されます。[7] ２０１４年は山梨県などで前半部には該当しましたが、後半部の「その後丸一日以上続く」ということはないと判断されたため、特別警報の発表は見送られたようです。大雪の特別警報は、三八豪雪や五六豪雪と呼ばれるような日本海側の降り続く大雪を想定して基準が設けられたため、継続時間が短い南岸低気圧に伴う大雪には適用困難な基準となっています。大雪特別警報は導入後、２０２０年／21年冬季まで一度も発表されていないので、今後もこのような状態が続けば、発表の基準が見直されるかもしれません。その他の特別警報についても、これまでの運用実績をもとに定期的に改良が行われています。たとえば、大雨特別警報は当初の指標（土砂災害の短時間指標）が見直され、２０２０年7月30日から新しい発表指標を用いて運用されています。

【コラム③】 雨の強さの表現は決まっている？

天気予報やニュースを聞いていると、「東京では1時間に50ミリを超える非常に激しい雨が降りました」「鹿児島では午後9時までの1時間に100ミリの猛烈な雨が降ったとみられます」といった言葉を耳にすることがあると思います。この「非常に強い」や「猛烈な」といった表現は、気象キャスターやニュースキャスターが個人の感覚で言っているわけではなく、明確な基準があります。気象庁は1時間に降る雨の量（時間雨量）を基準に、雨の強さを区別しています。気象庁が定義する雨の強さのレベルとその呼び方を**表①**にまとめました。気象キャスターやニュースキャスターは、このルールに従って用語を使い分けているので、もし耳にする機会があれば注意して聞いてみてください。

雨の強さに表現がつくのは時間雨量が10ミリからです。通常、時間雨量0・5ミリを超えると、雨が降ってきたと感じます。雨の降り方が弱い、あるいは降る時間が短いと、0・5ミリも観測されないこともあります。時間雨量1ミリを超えれば普通に雨が降っている状態です。

時間雨量が10ミリ以上20ミリ未満は「やや強い雨」と表現し、ザーザー降りのイメージです。時間雨量20ミリ以上30ミリ未満が「強い雨」。この段階で土砂降りです。車のワイパーを速くしても見づらいほどの雨です。30ミリ以上50ミリ未満が「激しい雨」。いわゆる、バケツをひっくり返したように降る雨です。川のようになる道路も出てきます。50ミリ以上80ミリ未満が「非常に激しい雨」。

表①　雨の強さと降り方、風の強さと吹き方。

1時間雨量（ミリ）	雨の強さ（予報用語）	人の受けるイメージ
10～20	やや強い雨	ザーザーと降る。
20～30	強い雨	土砂降り。
30～50	激しい雨	バケツをひっくり返したように降る。
50～80	非常に激しい雨	滝のように降る（ゴーゴーと降り続く）。
80～	猛烈な雨	息苦しくなるような圧迫感がある。恐怖を感じる。

気象庁リーフレット「雨と風（雨と風の階級表）」[8]を参考に作成。

滝のように降る雨で、傘が役に立たなくなってきます。視界が悪くなり、車の運転は危険です。そして80ミリ以上が「猛烈な雨」です。息苦しくなるような圧迫感があり、恐怖を感じるような雨です。河川の氾濫や土砂災害などの災害の可能性が高まってきます。時間雨量80ミリ以上はすべて「猛烈な雨」と呼ばれますが、さらに雨が強くなり、数年に1度程度しか起こらないような短時間の大雨が降った（あるいは降ったと見られる）場合には、記録的短時間大雨情報（**3・4・3**）が発表されます。

九州や四国、紀伊半島などのとくに雨の多い地域に住んでいない限り、時間雨量80ミリ以上の猛烈な雨を経験することはほとんどありません。ただ、一時的に時間雨量80ミリ以上に相当する雨を体験した方はもっといるはずです。夏の積乱雲から降る雨は、1時間同じ場所で降り続くことはほとんどありませんが、一時的にかなりの量の雨が降ります。たとえば、10分間の降水量が15ミリを超えた場合、これを1時間に換算すると90ミリとなり、猛烈な雨に該当します。換算した値を**降水強度**と呼びます。参考までに、日本で観測された最大1時間降水量は153ミリ（1982年7月23日長崎県長浦岳、1999年10月27日千葉県香取）、最大10分降水量は50ミリ（2020年6月6日埼玉県熊谷、2011年7月26日新潟県室谷）です。10分間で50ミリは降水強度に直すと300ミリというとてつもない数値です。

3・4・2　土壌雨量指数

大雨警報や特別警報が発表される際には、降ってきた雨（降水量）だけでなく、これまで降った雨によって土壌がどの程度水を含んでいるかも指標となります。この指標が**土壌雨量指数**です。土壌雨量指数の計算にはタンクモデルを用います。タンクモデルは、降ってきた雨が土壌を通って流れ出る様子を、三つのタンクとそこからの排水を用いて計算します（**図3−5**）。タンクが土壌の層の代わりを担っていて、ひとつ目のタンクからの流出は表面流出（土壌に浸透しない）、ふたつ目のタンクからの流出は表層の浸透流出（土壌の中）、三つ目のタンクからの流出は地下水流出となります。土壌雨量指数は、三つのタンクにたまっている水の総量（つまり、土壌中の水分量）から計算されます。次に紹介する土砂災害警戒情報でも土壌雨量指数が判断基準になっています。

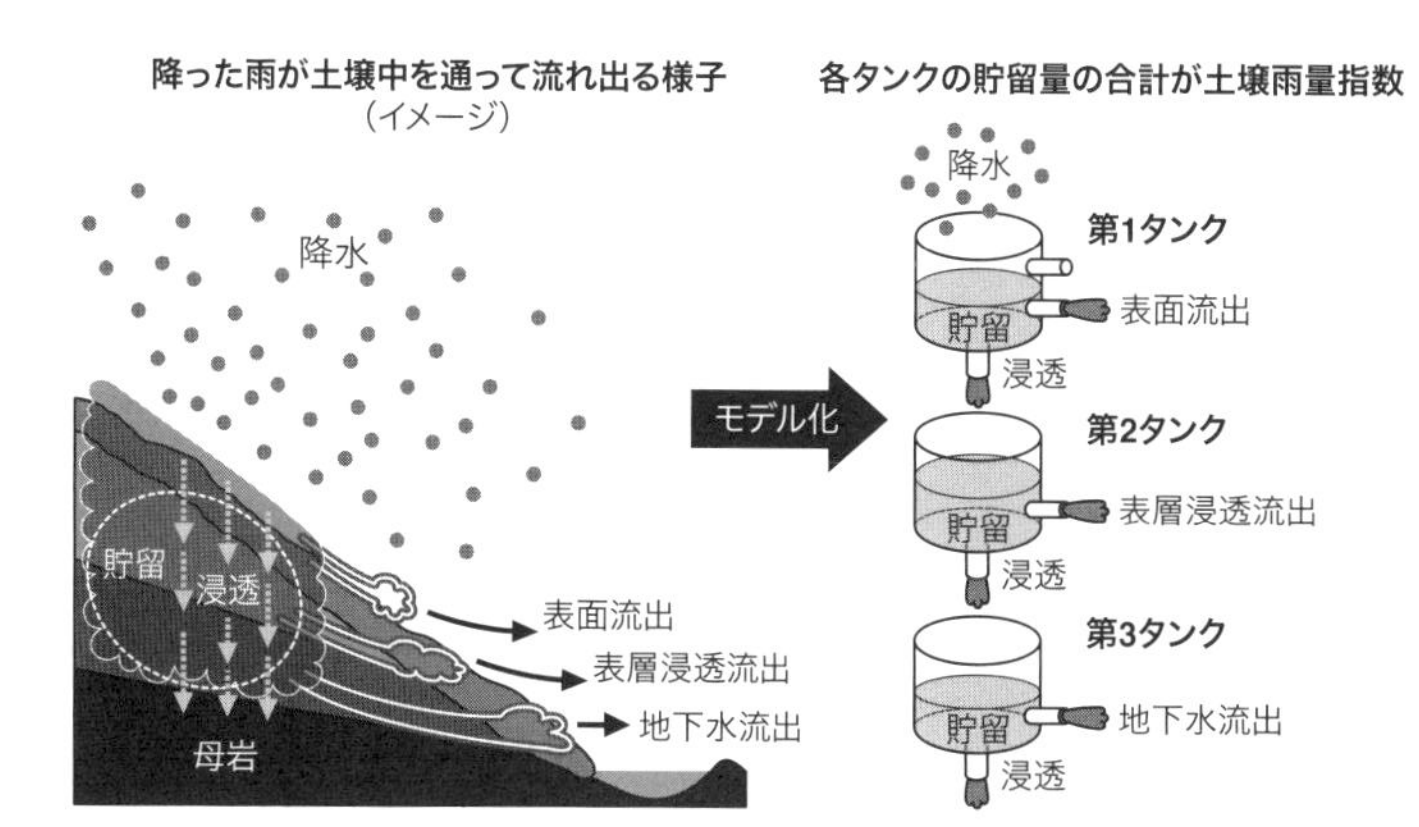

図3－5　土壌雨量指数の計算に使われるタンクモデル。気象庁ホームページ[9]の図を参考に作成。

3・4・3　土砂災害警戒情報と記録的短時間大雨情報

大雨が降ったときに発表される情報として、大雨警報や大雨特別警報のほかに「**土砂災害警戒情報**」と「**記録的短時間大雨情報**」があります。土砂災害警戒情報は、大雨警報（土砂災害）の発表中に出される情報です。気象庁は、過去に発生した土砂災害をくまなく調査したうえで、「この基準を超えると、過去の重大な土砂災害の発生時に匹敵する極めて危険な状況となり、この段階では命に危険が及ぶような土砂災害がすでに発生していてもおかしくない」段階で土砂災害警戒情報を都道府県と共同で発表します。これは、対象となる市町村を特定して警戒を呼びかける情報で、市町村長の避難勧告や住民の自主避難の判断を支援することを目的としてつくられました（避難勧告は2021年5月から避難指示に統一されました）。気象庁のホームページで土砂災害警戒情報のくわしい説明をご覧いただけます[10]。

記録的短時間大雨情報も大雨警報の発表中に出される情報です。名称が長いので、俗称で「キロクアメ」と呼ばれることもあります。土壌雨量指数が判断基準となる土砂災害警戒情報とは異なり、こちらはその名の通り、短時間で降る大雨を対象としています。記録的短時間大雨情報は、数年に一度程度しか発生しないような短時間の大雨が地上の雨量計によって観測された場合、あるいは気象レーダーと雨量計を組み合わせた分析（解析雨量）によって解析された場合に発表されます。２０２１年６月以降は、基準を満たした市町村が**キキクル**（**コラム④**）で「非常に危険」（警戒レベルが４相当（**3・5**））の状況となっている場合にのみ発表するように変更されました。発表の際は、具体的にどこで記録的な大雨が観測されたかわかるように、地点名や市町村名などが付記されます。たとえば、「熊本県記録的短時間大雨情報　第５号　６時30分熊本県で記録的短時間大雨　芦北町付近で１２０ミリ以上　球磨村付近で約１１０ミリ」といった形です。令和2年7月豪雨（**1・2**）で球磨川が氾濫した7月4日、熊本県では記録的短時間大雨情報が６回も出されました。

記録的短時間大雨情報の基準は、１時間雨量の歴代1位または2位の記録を参考に府県予報区ごとに決められています。雨の多い四国の高知市や九州の鹿児島市では、１時間雨量が１２０ミリを超えた場合に発表されますが、東京都心や北海道札幌市は1時間雨量が１００ミリを超えた場合に発表されます。この情報は予報ではなく、短時間の大雨が観測された、または気象レーダーの観測から推定されたときに出されるため、情報が出たときにはすでに周囲の道路が冠水し、小規模な河川が氾濫している可能性があります。記録的短時間大雨情報のくわしい解説は気象庁のホームページをご参照ください[11]。

ところで、大雪に関する短時間の情報は2019年までありませんでした。そこで気象庁は、2019年11月13日から、短時間の大雪に対していっそうの警戒を呼びかける情報として、「顕著な大雪に関する気象情報」を発表しています。この情報は、顕著な降雪が観測され、今後も継続すると見込まれる場合に出されます。2019／20年冬季は記録的な少雪だったため、この情報が出されることはありませんでしたが、2021年1月の北陸地方の大雪（**1・9**）で初めて発表されました。なお、2020年／21年冬季の時点では、対象は山形県、福島県（会津地方）、新潟県、富山県、石川県、福井県に限られています。

3・4・4　顕著な大雨に関する情報

毎年のように発生する線状降水帯に伴う豪雨災害を受けて、気象庁は2021年6月から新たに「顕著な大雨に関する情報」の提供を開始しました[12]。これは、大雨による災害の危険が迫っている際に、線状降水帯（**2・9**）のキーワードを使って、非常に激しい雨が同じ場所で降り続いている状況を伝えるものです。運用開始時は、持続する線状降水帯の発生が認められた時点で発表されますが（すでに所々で大雨が生じている場合がある）、将来的には半日から数時間前に線状降水帯の発生を予測して、情報を提供することをめざしています。現状では、線状降水帯の予測にはさまざまな課題があるものの、今後、線状降水帯の予測精度が上がってくれば、事前に発生予測情報を出し、早期に警戒を促すことができると期待されます。

「顕著な大雨に関する情報」の中で言及される線状降水帯は、次の四つの基準を満たしたものとなります。ひとつ目は、解析雨量（**3・2**）において、前3時間積算降水量が100ミリ以上の分布域の面積が500平方キロメートル以上であること。ふたつ目は、その形状が線状（降水帯の長い軸と短い軸の比が2・5以上）であること。三つ目は、その領域内の前3時間積算降水量最大値が150ミリ以上であること。そして四つ目はかなり複雑で、その領域内の土砂キキクル（**コラム④**）において、土砂災害警戒情報（**3・4・3**）の基準を実況で超えており、かつ大雨特別警報（**3・4・1**）の土壌雨量指数（**3・4・2**）の基準値への到達割合8割以上、または洪水キキクル（**コラム④**）において警報基準を実況で大きく超過していることが条件です。これを見ると、気象庁が現在提供可能な多くの情報をもとに、顕著な大雨に関する情報が発表されることがわかります。この情報はまだ運用が始まったばかりですので、今後の状況によっては基準の細かな見直しがあるかもしれません。

3・5 避難の参考となる警戒レベル

気象庁から出される大雨に関する情報は、年を追うごとに増えてきています。それ自体は悪くないのですが、あまりに情報が多すぎると自治体が処理しきれなくなってしまいます。そこで、2019年3月に「避難勧告等に関するガイドライン」(内閣府(防災担当))が改定されたことを受け、2019年5月29日から気象庁から出される情報についても、5段階のレベルに分けて発表されることになりました。大雨に伴う土砂災害や氾濫、高潮などが、レベル1からレベル5に分けて出されます(**口絵「警戒レベル一覧」、表3-4**)。

大雨を例に見てみましょう[13]。大雨の数日前から1日前あたりに出される「早期注意情報(警報級の可能性)」がレベル1。大雨の半日前から数時間前までに発表される「大雨注意報」や「洪水注意報」がレベル2。大雨の数時間から2時間程度前に出されるのが「大雨警報」と「洪水警報」でレベル3。大雨が強まって災害の起こる可能性が高くなってきたときに出される「土砂災害警戒情報」がレベル4です。そして、数十年に一度程度の大雨が実際に降り、さらに降り続くと予想される場合に出される「大雨特別警報」はレベル5に当たります。レベル5が出された時点ではすでに甚大な被害が起こっている可能性があり、このレベルになってから起

表3－4　警戒レベルと防災気象情報の対応

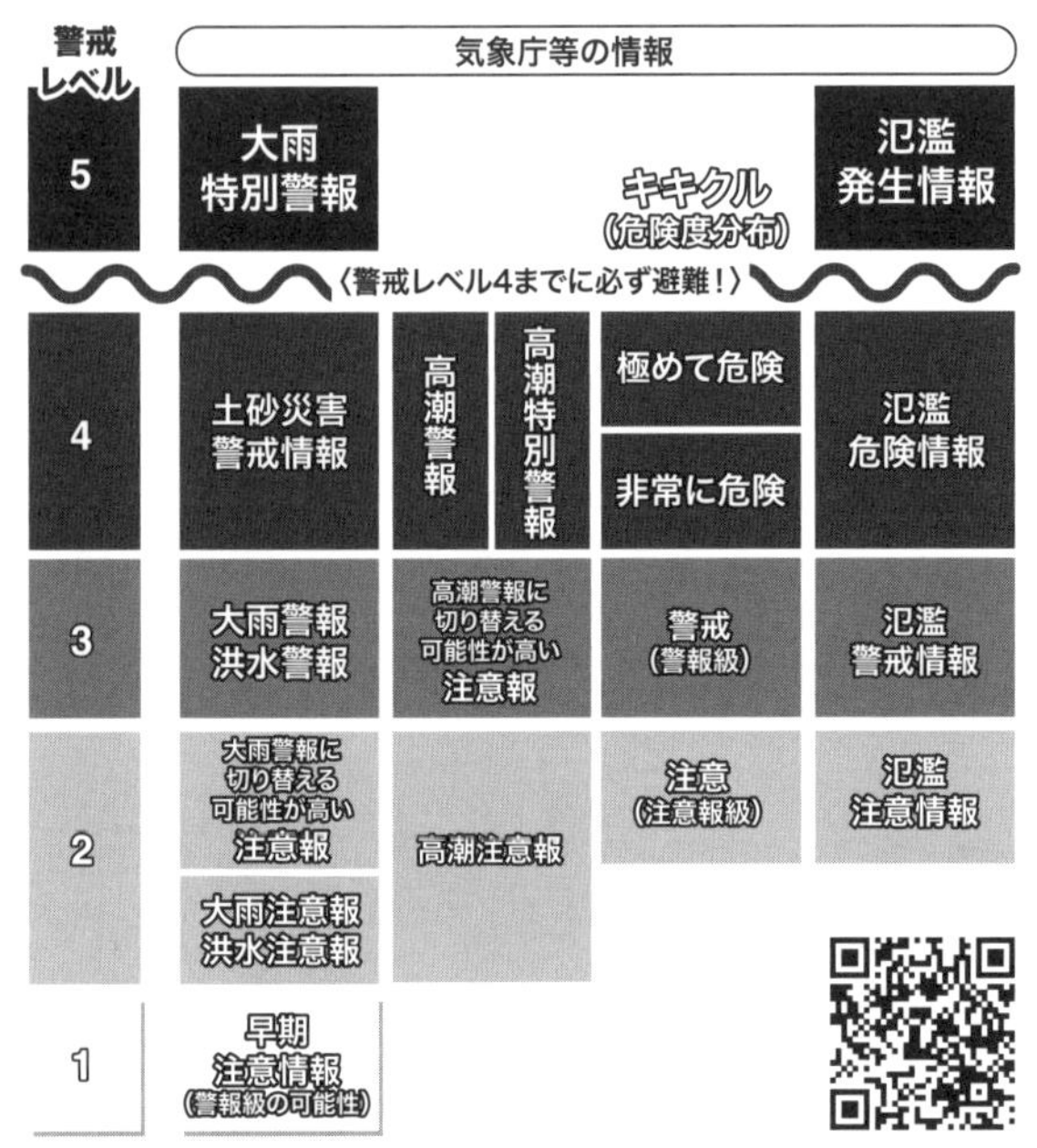

気象庁ホームページ(13)をもとに作成

こせる行動はほとんどありません。

それぞれの住民が取るべき行動はレベル別に次のようにまとめられています(13)。レベル1では「災害への心構えを高める」、レベル2では「ハザードマップ等で避難行動を確認する」、レベル3では「避難準備が整い次第、避難開始。高齢者は速やかに避難」です。レベル1はまだ注意報や警報が出される前ですが、気象庁の予報では今後大雨が降る可能性があるので、自治体や住民は災害への心構えを高める必要が出てきます。レベル2は大雨や洪水の注意報が出された段階です。河川によっては氾濫注意情報が発表され、自治体では防災体制を取ることが求められます。レベル3以降が実際に行動に移す基準となってきます。自治体からは高齢者等避難の情報が出され、氾濫警戒情報が出される河川が出てきます。

さらに大雨が続き、土砂災害警戒情報や河川の氾濫危険情報が出されると警戒レベル4です。レベル4は「速やかに避難」。自治体から避難指示が出され、速やかな避難が必要となります。とくに、ハザードマップで危険な地域に指定されているところに住んでいる人は、この機会を逃すと避難自体が困難になるおそれがあります。

レベル5は「災害がすでに発生しており、命を守るための最善の行動をとる」。レベル5が出されるまでに避難を終えていないと、手遅れになる可能性があります。レベル5は、自分自身で周りの状況を見て命を守る行動をとってくださいというメッセージです。レベル5になった（特別警報が出た）場合は、大規模な河川の氾濫や土砂災害がすでに発生しているか、すぐにでも発生する状況ですので、避難所に移動するような通常の避難をしないほうが安全な場合があります。

【コラム④】　キキクル（危険度分布）

　気象庁は土砂災害や洪水など大雨による災害発生の危険度の高まりを、地図上に5段階で色分けして知らせる「危険度分布」の情報を提供しています（**図①**）。それぞれの危険度が警戒レベル（**3・5**）と対応していて、「注意」（色は黄色）が警戒レベル2相当、「警戒」（色は赤色）は警戒レベル3相当、「非常に危険」（色は薄い紫色）と「極めて危険」（色は濃い紫色）は警戒レベル4相当です。「非常に危険」と「極めて危険」は同じ警戒レベルですが、「極めて危険」のエリアの大きさは、大雨特別警報発表の基準のひとつとしても用いられていて、このエリアが広がれば、大雨特別警報の発表に近づいていると見てよいでしょう。なお、大雨特別警報が発表されると、警戒レベルが5（命の危険　直ちに安全確保）となります。

　気象庁は危険度分布の存在をより多くの人に知っても

危険度分布

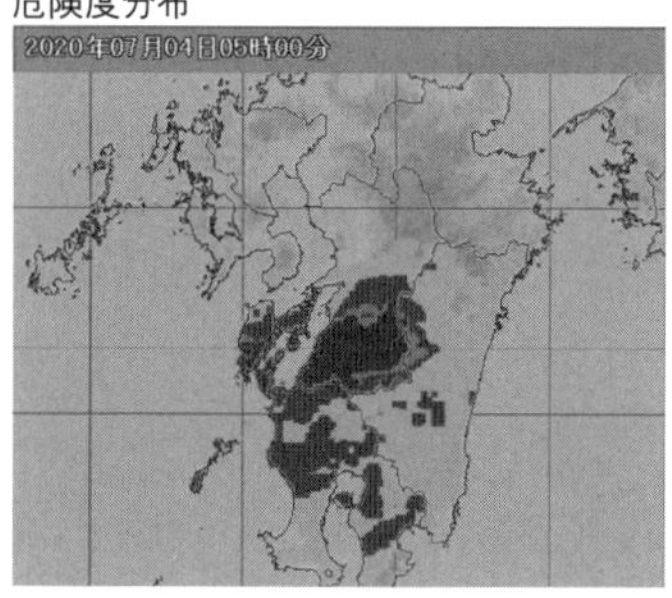

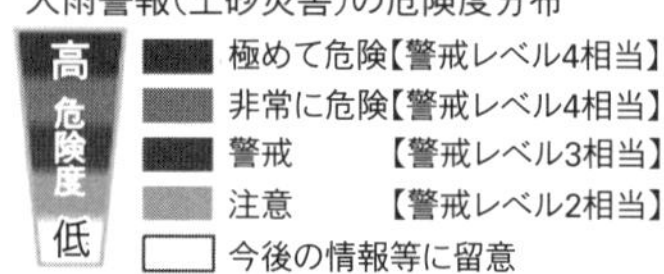

図①　2020年7月4日午前5時の危険度分布〔大雨警報（土砂災害）〕。令和2年7月豪雨時。本来は「注意」を黄色、「警戒」を赤、「非常に危険」を薄い紫、「極めて危険」を濃い紫で表す。気象庁ホームページを参考に作成。

らうために、危険度分布の愛称を募集し、2021年3月、「キキクル」に決まりました。これまでの「大雨警報（土砂災害）の危険度分布」が「土砂キキクル」、「大雨警報（浸水害）の危険度分布」が「浸水キキクル」、「洪水警報の危険度分布」が「洪水キキクル」です。名前はかわいらしいですが、災害と非常に関連が高い情報です。人命にかかわる重要な情報にキキクルという愛称をつけることに対しては、賛否の意見がありましたが、愛称をつけたことで結果的に一般への周知が広がり、人的被害が減れば、今回の取り組みは成功と言えるでしょう。もしそうならなければ、見直されるかもしれません。

3・6 空を読む

ここまで大雨や大雪に対して気象庁から発表される情報について見てきました。しかし、夏、突然発生するような雷雨や短時間で降る激しい雨に対しては、やはり自分の目で空を見て、肌で空気を感じることがもっとも有効な手段となります。空や生物の行動を見て天気を予想することを**観天望気**と言います。たとえば、飛行機雲が消えずにたくさん出ると天気が崩れて雨が降る（飛行機雲ができるのは上空に水蒸気が多いため）、朝の虹は雨、夕虹は晴れ（通常、雨雲は西から東に移動するので、太陽が東、雨雲が西にある朝虹が見えると、このあと雨、太陽が西、雨雲が東にある夕虹が夕方に見えると、このあと晴れ）などです。このような、少し先のことを予測する言葉は、当たることもあれば、当たらないこともあります。また、翌日豪雨が降るかどうかなどはさすがに予測できません。

空を見たり、空気を感じたりして予測できるのは、突然やってくる激しい雷雨です（いわゆるゲリラ豪雨・ゲリラ雷雨）。テレビやラジオの天気予報でも、雷雨の予兆として「空が暗くなる」「冷たい風が吹いてくる」「雷の音が聞こえる」などが紹介されます。まさにその通りです。もう少し前の状況から見てみましょう。まず遠くにモクモクした入道雲（積乱雲）が見えます（天気次第では見えないこともあります）。この状況ではまだ恐れる必要はありません。その積乱雲が近づいてくると、積乱雲から広がる上層の薄い雲（かなとこ雲）が先に上空にやってきます（**口絵「積乱雲の姿」⑥**）。そして、入道雲の下が暗くなっていきます。さらに近づくと、低い暗い雲が近づいてきます。空が暗くなる状態です。この頃には雷鳴が聞こえ、稲光も見えてきます。そして、この低く暗い雲がすぐ近くまでくると、急に風が強まり、気温が下がります。冷たい風（積乱雲からの冷気外出流）が吹いてくる状況です。その奥（積乱雲の真下）には今度はやや白みがかったボヤッとした空が見えてきます。ここが大雨の降っている場所です。雨の柱と表現することもあります。状況次第ではひょうやあられが降っているかもしれません。雨の柱がくる前（つまり冷たい風が吹いてきた段階で）建物の中に避難することをお勧めします。

このように、ある特異な状況を除けば、空を見ていると雷雲が近づいてくる様子はだいたいわかります。ただ、都会の高いビルが多い地域では、高層階にでもいない限り、なかなか空全体を見渡すことができないので、予兆をつかむのは難しいかもしれません。ちなみに特異な状況とは、自分がいる真上で積乱雲が急速に発達するときです。このときに使えるのは「空がだんだん暗くなる」だけです。真上で積乱雲が発達するときは、モクモクした入道雲や上層の薄いかなとこ雲は見えません。また、冷たい風が吹いてくることもありませんし、遠くから雷の音がすることもありません。急に空が暗くなり、雨が降る前に突然、落雷が起こります。これが一番怖く、被害も出やすいです。このとき、上空では雨やあられ、ひょうがつくられていますが、強い上昇気流によって地面に落ちることなく、積乱雲の中で成長しています（**2・5**）。そして、遠くは晴れているのに、急に大粒の雨やあられ、ひょうが降り出し、いっきに周りが水しぶきで真っ白になるでしょう。前兆のない落雷や強雨はなかなか避けるのが難しいのですが、せめて、空の色だけは注意しておきましょう。空の暗さは雲の厚さを反映するので、暗い雲ほど空高くまで発達した背の高い積乱雲です。

3・7 激しい気象は増えているように見えるだけなのか？

気象庁の地上気象観測やレーダー観測網の充実（3・1、3・2）および数値予報の高度化（3・3）に伴い、局地的な豪雨の検知や、大雨の予測ができるようになってきました。また、それらの情報に基づいて発表される種々の警戒情報（3・4、3・5）により、たくさんの情報に触れる機会が増えてきました。さらに現在は、その情報が気象庁や民間気象会社、気象予報士からSNSを通じてリアルタイムで発信されていきます。ツイッターでフォロワーの多いアカウントがツイートした情報はいっきに拡散し、多くの人の目に触れるようになります。テレビやラジオ、新聞がニュースのおもな情報源であった2000年以前では考えられなかったことです。

情報を入手する機会が増えたことによって、昔に比べて激しい気象が増えていなかったとしても、増えたように感じる可能性があります。とくに、竜巻やひょうの目撃情報などはその最たるものでしょう。竜巻に関して、以前は気象庁が目撃情報や通過後の被害状況などから総合的に判断していました。しかし、今やスマートフォンで簡単に竜巻の姿を撮影できて、SNSに投稿するといっきに日本中、場合によっては世界中で共有されます。昔に比べて竜巻が多く発生したと感じることは自然です。また、気象庁からのさまざまな予測情報が現象発生前に飛び交うことで、実際には予想されたほどの現象が起こらなかったとしても、それを見た人々の印象には残ります。

では、近年叫ばれている極端な天気の増加が、すべてこのような思い込みによるものかというと、そうとも言い切れません。第1章で紹介した一部の豪雨や2010年、2018年の猛暑などは、地球温暖化による気候変化の影響を受けた可能性があります。それでは次章から地球温暖化の話に移っていきましょう。

第4章

進む地球温暖化

ここまで本書の半分以上を割いて、豪雨が発生するしくみ、気象庁の観測や数値予報、気象庁から発表される情報について見てきました。ここからようやく本書のもうひとつのテーマである地球温暖化の話に移っていきます。ここまでの話に多くのページを割いたのには理由があります。近年発生している豪雨の主要因は地球温暖化ではなく、大気の自らの振る舞いによって起こっていることをわかっていただきたかったからです。地球温暖化の影響がなかったとしても、線状降水帯や台風、梅雨前線による豪雨は発生します。地球温暖化が主要因となって、これまでなかったような豪雨を引き起こすことはありません。そのことを念頭に本章を読んでいただけると、近年の豪雨や猛暑がどのように地球温暖化と関連しているか、なぜ地球温暖化が進行した将来に豪雨や豪雪が増える可能性があるのかを理解することができるでしょう。

4・1　似ているようで異なる気候と気象

地球温暖化の話に入る前に、気候と気象のお話をしましょう。地球温暖化に伴う気候変化を

▒ 愛読者カード ▒

ご購入有難うございます。本書ならびに小社への忌憚のないご意見・ご希望をお寄せ下さい。

購入書籍

★ 本書の購入の動機は …………………… ※該当箇所に☑をつけてください

□ 店頭で見て（書店名　　　　　　　　　　）

□ 広告を見て（紙誌名　　　　　　　　　　）

□ 人に薦められて　□ 書評を見て（紙誌名　　　　　　　　　　）

□ DMや新刊案内を見て　□ その他（　　　　　　　　　　）

★ 月刊『化学』について ……………………

（□ 毎号・□ 時々）購読している　□ 名前は知っている　□ 全然知らない

・メールでの新刊案内を　□ 希望する　□ 希望しない

・図書目録の送付を　□ 希望する　□ 希望しない

本書に関するご意見・ご感想

今後の企画などへのご意見・ご希望

● 個人情報の利用目的

ご登録いただいた個人情報は、次のような目的で利用いたします。

・ご注文いただいた商品やサービス、情報などの提供。

・お客様への事務連絡、新刊案内などの各種案内、弊社及びお客様に有益と思われる企業・団体からの情報提供。

郵便はがき

料金受取人払郵便

京都中央局
承認
4091

差出有効期限
2023年
5月31日
(切手不要)

600-8790

105

京都市下京区仏光寺通柳馬場西入ル

化学同人
「愛読者カード」係 行

お名前 生年(　　年)

送付先ご住所 〒□□□-□□□□

勤務先または学校名
および所属・専門

E-メールアドレス

ご職業(○で囲んでください)	ご専攻
会社役員 会 社 員(研究職・技術職・事務職・営業職・販売/サービス) 学校教員(大学・高校・高専・中学校・小学校・専門学校) 学　　生(大学院生・大学生・高校生・高専生・専門学校生) そ の 他( )	有機化学・物理化学・分析化学 無機化学・高分子化学 工業化学・生物科学・生活科学 栄養学 その他( )

理解するうえで大事な概念となります。

気候と気象は似ている言葉ですが、異なる言葉です。**気候**とは『広辞苑』によると「各地における長期にわたる気象（気温・降雨など）の平均状態。ふつう30年間の平均値を気候値とする」と説明されています。実際に気象庁の平年値（**気候値**とも言います）は、30年平均値を用いており、10年ごとに更新されます。ちなみに、本書が出版された2021年は平年値が更新される年で、これまで1981年から2010年の平均値であった平年値が、2021年5月以降は、1991年から2020年の平均値に変わりました。**4・2**以降でお話しする地球温暖化によって、気温や降水量、積雪が長期的に変化してきています。平年値が更新されることで、全国的に平年並みの気温がこれまでより高くなりました。

日本では冬は寒く、春から気温が上がり、夏に高温多湿、秋から気温が下がるという四季がありますが、これらも気候のひとつと言ってよいでしょう。気候研究ではそれぞれの季節に合わせた気候値をつくることがよくあります。本来、気候は安定しています。安定した気候の中でも、定期的に高温や低温、多雨や少雨のような平年値から離れた現象が起こることがあります。これは**自然変動**、あるいは**内部変動**と呼ばれ、通常、とくに気にすることのない自然な状態です。去年の夏は暑かったが今年の夏はそれほどでもない。去年の冬は寒くて雪が多かったが、今年は雪が少なくて暖かいといった感じです。ただ、この変動が大きく（かなりの高温や低温、多雨、少雨）、30年に一回程度の現象になると、**異常気象**と呼ばれます。気象庁では「原則として、気温や降水量などが、ある場所（地域）・ある時期（週、月、季節など）において30年間に1回以下の出現率で発生する現象」を異常気象と定義しています。

一方、**気象**とは何でしょうか？　こちらも『広辞苑』によると、「大気の状態および雨・風・雷など、大気中の諸現象」と書かれています。気象は、読者のみなさんが毎日体験している日々の天気に近いものと考えてください。気象は日々変化しており、晴れや曇りの日もあれば、雨（冬は雪）が降る日もあります。日々変化する気象の中でも、稀に発生する大雨や高温のことを**極端気象**や**極端現象**と呼ぶことがあります。極端現象は英語でextreme eventと呼ばれ、さきほど紹介した異常気象も、国外では極端気象として表記されます。また、極端な大雨は、線状降水帯や梅雨前線、台風など（第1章、第2章）によって発生します。一方、極端な高温は、フェーン現象や下層から上層まで高気圧（2段重ねの高気圧）に覆われた場合に起こります。また、偏西風（中高緯度の上空に吹く強い西風）が蛇行して、継続的に日本に寒気が流れ込んだときに**極端低温**になります。

日々の天気や極端現象、異常気象は、自然に起こりうる現象であると考えられてきました。豪雨や豪雪、猛暑、強力な台風などは、すべて地球がもともと持っていた自然変動の一部なので、稀に発生したとしても気候・気象の観点からは、ある意味異常なことではありません。もっとも、そのような現象が起こったときには、人命に関わるような災害が発生する可能性があるので、防災・減災の観点から事前に予測して備えることは重要です。そのために、気象庁は日々、予報精度を上げる努力をしています。

本来、気候は何もなければ変わることはほとんどなく、気候が変わるためには、何らかの外からの力（**外的要因**）が必要です。自然に起こる外的要因としては、太陽活動があります。地球とその周りの大気のエネルギーの源は太陽からの光ですので、当然、太陽からの光が弱まれば（太陽活動が弱まれば）気温が下がり、強まれば気温が上がります。たとえば、太陽活動の弱かった中世には気温が低い時代があったと言われています。また、火山も外的要因のひとつです。火山が大規模噴火を起こすと、火山灰や火山ガスが成層圏に入り、太陽の光を少し遮ります。この影響はそれほど長く続くわけではありませんが、一時的に地球の気温を下げる効果があることがわかっています。

一方、もっと長い時間スケールで見ると、地球上では氷期・間氷期のサイクルで大きな気候変動が起こっています。この気候変動は、数万年から数十万年周期で起こるものであって、少なくとも私たち人間が生まれてから死ぬまでに起こるような変化ではありません。

4・2 地球温暖化とは

今や**地球温暖化**という言葉を聞いたことがない人はいないのではないでしょうか。地球温暖化は20世紀後半から世界的に注目されはじめ、国際的な問題となっています。2015年9月の国連サミットで採択され、2016年から始まった**持続可能な開発目標**（**SDGs**：Sustainable Development Goals）の目標13に「気候変動に具体的な対策を」という地球温暖化に関連した項目があります[1]。

地球温暖化に伴う気候変化は異常気象と混同されがちですが、このふたつは明確に異なります。異常気象は30年に1回以下の出現率で発生する現象です。気候が変化しなくても発生します。一方、地球温暖化による気候変化は、ベースとなる気候自体が徐々に変わっていく現象です。異常気象については**5・1**で改めて触れますが、ここでは極端な例を示しましょう。たとえば現在の夏の気温の平年値が30度だとしましょう。もし、ある年の夏の気温が35度になれば、異常気象となります（実際には5度も高い夏はありませんが）。一方、何らかの原因で夏の気温の平年値が35度に変わった場合を考えてみましょう。平年値が長期的に変化することが気候変化です。気温の平年値が35度だと、当然、35度を記録しても異常ではありません。平年並みの出来事です。平年値が35度のときは、たとえば40度を記録すると異常気象となります。地球温暖化が進行した場合は、平均気温が上昇し、異常気象の基準が変わってしまうのです。

4・2・1　地球を暖める温室効果

地球温暖化の原因とされるのが、人間活動によって排出される二酸化炭素などの温室効果ガスの増加です。20世紀末は、まだ温室効果ガスが原因である可能性を示すにとどまっていましたが、2013年に発行された**気候変動に関する政府間パネル**（IPCC）の第5次評価報告書では「人間の影響が20世紀半ば以降に観測された温暖化の支配的な要因であった可能性がきわめて高い（95パーセント以上）」と表記されています。温室効果ガスはその名の通り温室効果を持つ気体です。では温室効果とは何でしょうか？

地球を外から暖める唯一の存在は太陽です。地球は太陽の光（太陽放射）を受けて暖まります。暖まった地球からは熱が出て（赤外線、赤外放射）、宇宙に逃げていきます（放射冷却）。この入ってくる太陽放射（一部は反射されて出ていく）と、地球から出ていく赤外放射がバランスして、地球の温度が決まります（**放射平衡温度**）。ここで、本来逃げていく熱（赤外放射）を吸収するのが**温室効果ガス**です。温室効果ガスにより、大気が過度に冷えることなく、暖かい状態（世界の地上平均気温が約14度）に保たれます。これが**温室効果**です（**図4－1**）。もし、

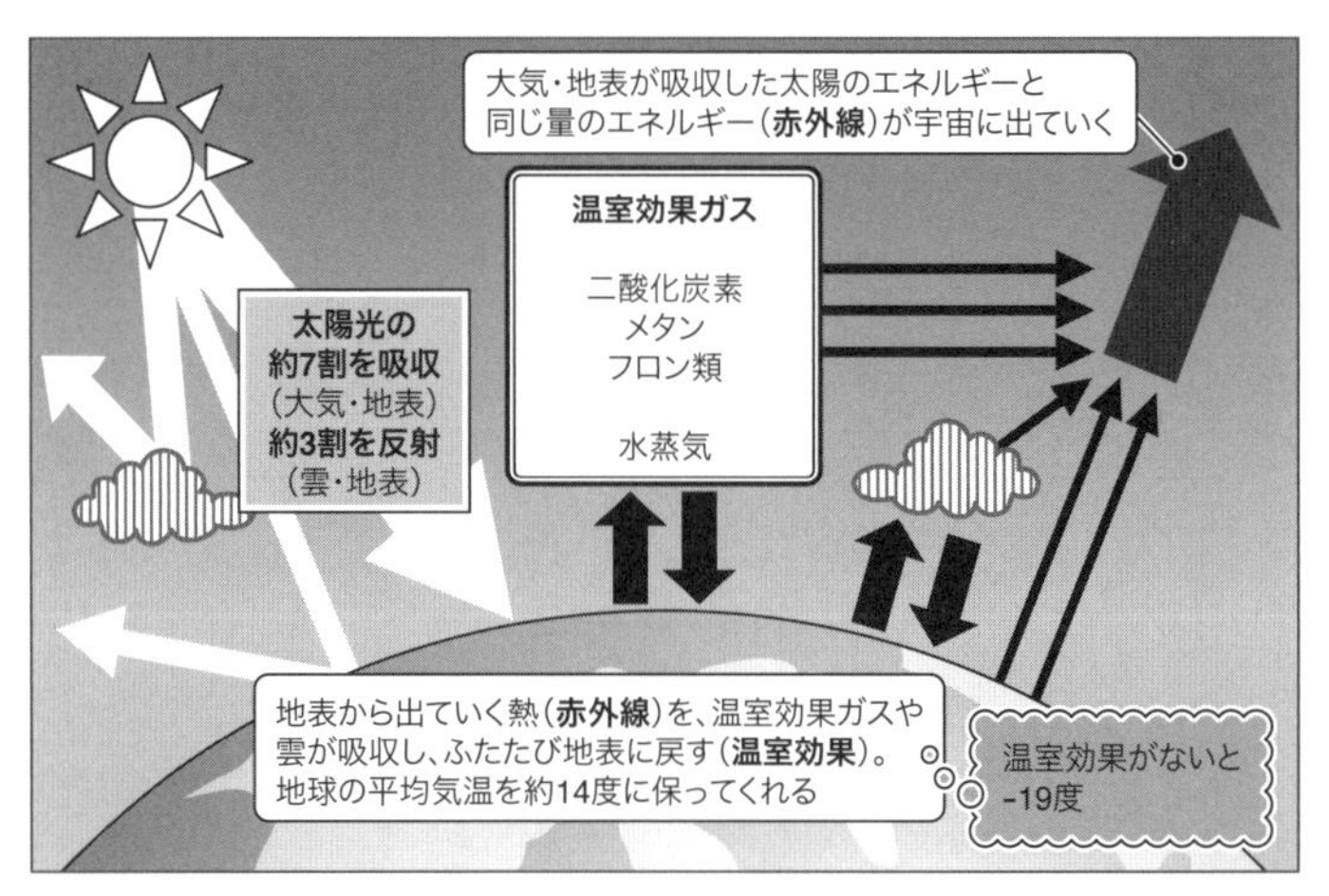

図 4－1　温室効果のメカニズム。気象庁ホームページ(2)の図を参考に作成。

温室効果ガスがまったくなければ、地球の気温は約マイナス19度になってしまい、快適に住める環境ではなくなるでしょう。

大気が地球を暖める様子が植物を育てる温室（ビニールハウス）と似ていることから温室効果と名づけられていますが、暖めるメカニズムが空気を閉じ込める温室とは異なります。

代表的な温室効果ガスとして、二酸化炭素、メタン、一酸化二窒素、オゾンなどが挙げられます。これらが存在すること自体は問題ではありませんが、特定の温室効果ガスが急激に増加した場合に、地球温暖化が起こります。この中では二酸化炭素が、地球温暖化に及ぼす影響がもっとも大きな温室効果であると言われています。しかしじつは、この二酸化炭素よりも強い温室効果をもたらす物質が大気中に存在します。

本書の前半で登場した水蒸気です。[3] ただ、水蒸気は地球温暖化を引き起こしている犯人ではありません（正確には主犯ではありません）。主犯は人間活動によって放出される二酸化炭素です。水蒸気は知らぬうちに主犯の二酸化炭素の手助けをして、地球温暖化を加速させてしまっています。これはどういうことでしょうか？　第2章で何度も出てきたように、大気中に含むことのできる水蒸気の量は気温が高いほど増えるため、気温が上がることにより、多くの水蒸気を含むことができます（**2・1**）。つまり、大気中の二酸化炭素が増えて温室効果により気温が上がれば、大気中の水蒸気量が増え、結果として温室効果をさらに強めることになります。そして、さらに気温を上げてしまうのです。水蒸気に悪気はありませんが、人為起源の温室効果ガスの片棒を担ぐ形で、気温上昇に加担してしまっているのです。

4・2・2　息をするのは大丈夫、問題は化石燃料

人間活動によって二酸化炭素が排出されるといっても、呼吸で人から出される二酸化炭素が地球温暖化を引き起こしているわけではありません。遠慮なくたくさん息をしてください。人の呼吸で出る二酸化炭素は、もともと地上の動植物から摂取した炭素が変化したものです。そして、人から出た二酸化炭素は植物が光合成によって取り込み、植物の成長に使われます。その植物や植物を食べた動物を人が食べることで、人はふたたび炭素を取り込み、そして呼吸に

よってふたたび外に出されます。このように地球上では二酸化炭素（正確には炭素）が常に循環しています。これを**炭素循環**と呼びます。地表や大気、海に存在する炭素や二酸化炭素が炭素循環の中で回っているうちは、大気の二酸化炭素の濃度は一定に保たれます（季節によって変化します）。それに対し、本来の地球の炭素循環を崩してしまったのが化石燃料です。

化石燃料は、大昔に地上あるいは海底に動植物の死骸が堆積し、それが何千万年、何億年という長い年月をかけて地中深くにもぐり、生成されたものです。人間が手を出さない限り、短期間でいっきに地上に出てくることはありませんでした。産業革命による工業化以降、その化石燃料を掘り出し、エネルギーとして使い始めます。石炭、石油、天然ガスなどです。火力発電所ではこれらの燃料を燃やすことで発電しています。化石燃料を燃やした際に出る二酸化炭素は本来、地上には存在しなかった二酸化炭素です。地球上にある本来の炭素循環に、人がさらに炭素（二酸化炭素）を入れたことで、バランスが取れなくなり、大気中の二酸化炭素濃度が急激に高くなってきています。もちろん、地球自身も植物による光合成や海による吸収によって、大気中の二酸化炭素の濃度が増えないようにしていますが、それには限界があります。

大気中の温室効果ガス濃度の変化（**図4－2**）を見ると、工業化以降、温室効果ガスの濃度が急激に上がっている様子がわかります。1900年頃に0・03パーセント（300ppm）であった二酸化炭素の濃度が、2000年には0・038パーセント（380ppm）、そして図

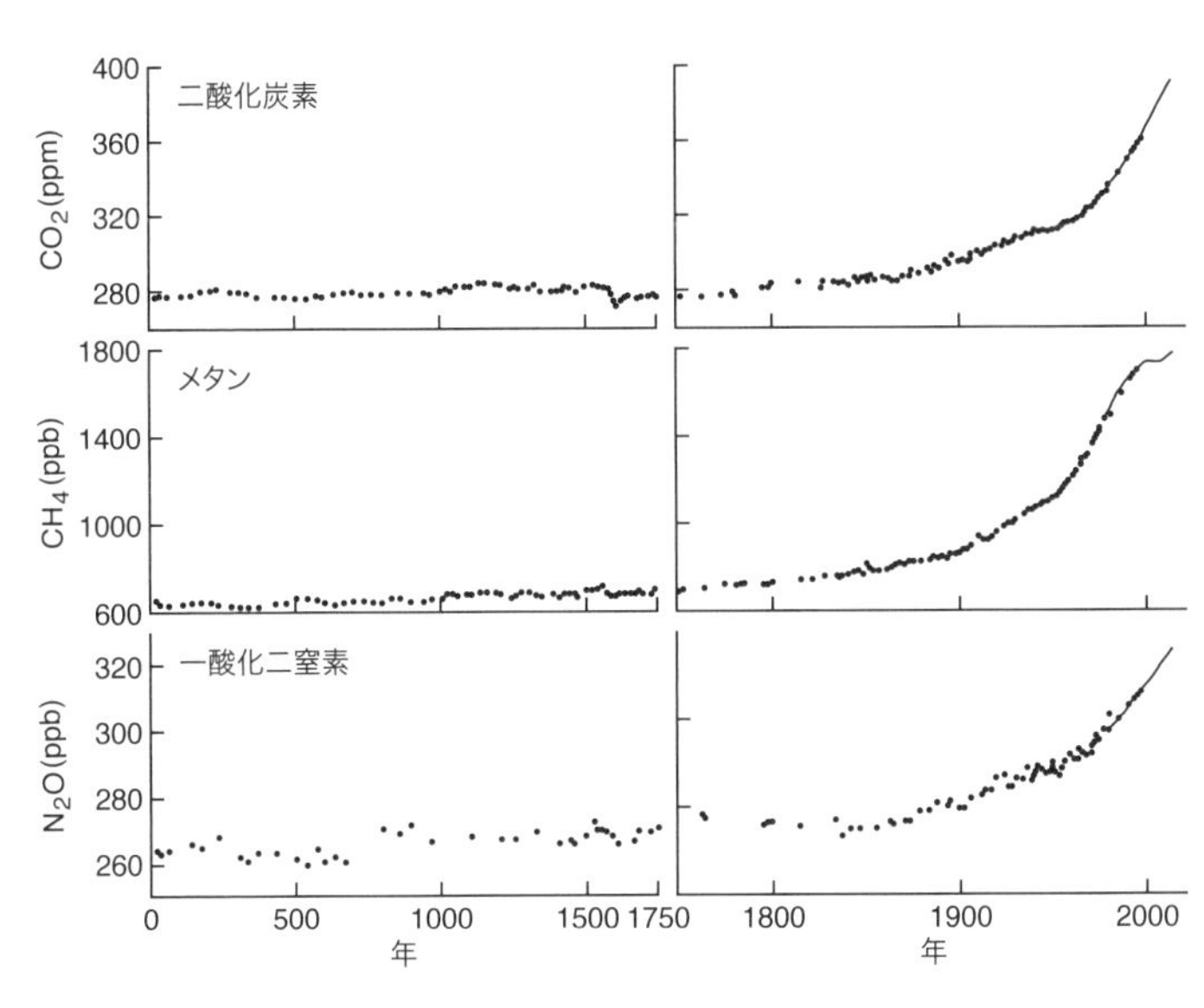

図4－2　西暦0年から2011年までのおもな温室効果ガスの大気中の濃度の変化。ppmは100万分の1、ppbは10億分の1の濃度。気象庁ホームページ[4]の図を参考に作成。

にはありませんが２０１８年頃に０・04パーセント（４００ｐｐｍ）を超えました。ｐｐｍは百万分率と呼ばれ、微量物質の濃度としてよく用いられます。１万ｐｐｍが１パーセントです。

なお、**図4－2**を見る限り、それほど急に温室効果ガスが増加しているように見えないかもしれませんが、この図を見るときには注意が必要です。左図は０年から１７５０年までであるのに対し、右図は１７５０年から２０１１年までの約２６０年間です。右図の縮尺を左図に合わせると、１５００年から１７５０年に相当する幅で温室効果ガスがいっきに増えたことになります。

4・3 気候はすでに変わってきている

4・3・1 上がり続ける世界の気温と日本の気温

2007年8月、岐阜県多治見市と埼玉県熊谷市で40・9度を観測し、日本の最高気温の記録を更新しました。この年までの最高気温の記録は1933（昭和8）年7月25日に山形県山形市で観測された40・8度でしたので、その記録を74年ぶりに更新したことになります。その後、2013年8月に高知県四万十市江川崎で41度を観測。国内で初めて41度を超えて、多治見と熊谷の記録を抜きました。さらに2018年7月23日、埼玉県熊谷市で41・1度を観測し、ふたたび熊谷市が日本の最高気温の記録を塗り替えました。この日は東京都青梅市でも40・8度を観測し、東京都内初の40度超えを記録しています。2018年の夏は各地で40度を超える猛烈な暑さとなり、「災害級の暑さ」が新語・流行語大賞のトップテン入りするほどでした。そして、2020年8月17日に静岡県浜松市でも41・1度が観測され、2021年6月現在、熊谷市と浜松市の41・1度が国内最高気温になっています。ただ、この記録も地球温暖化の進行に伴い、すぐに抜かれるかもしれません。

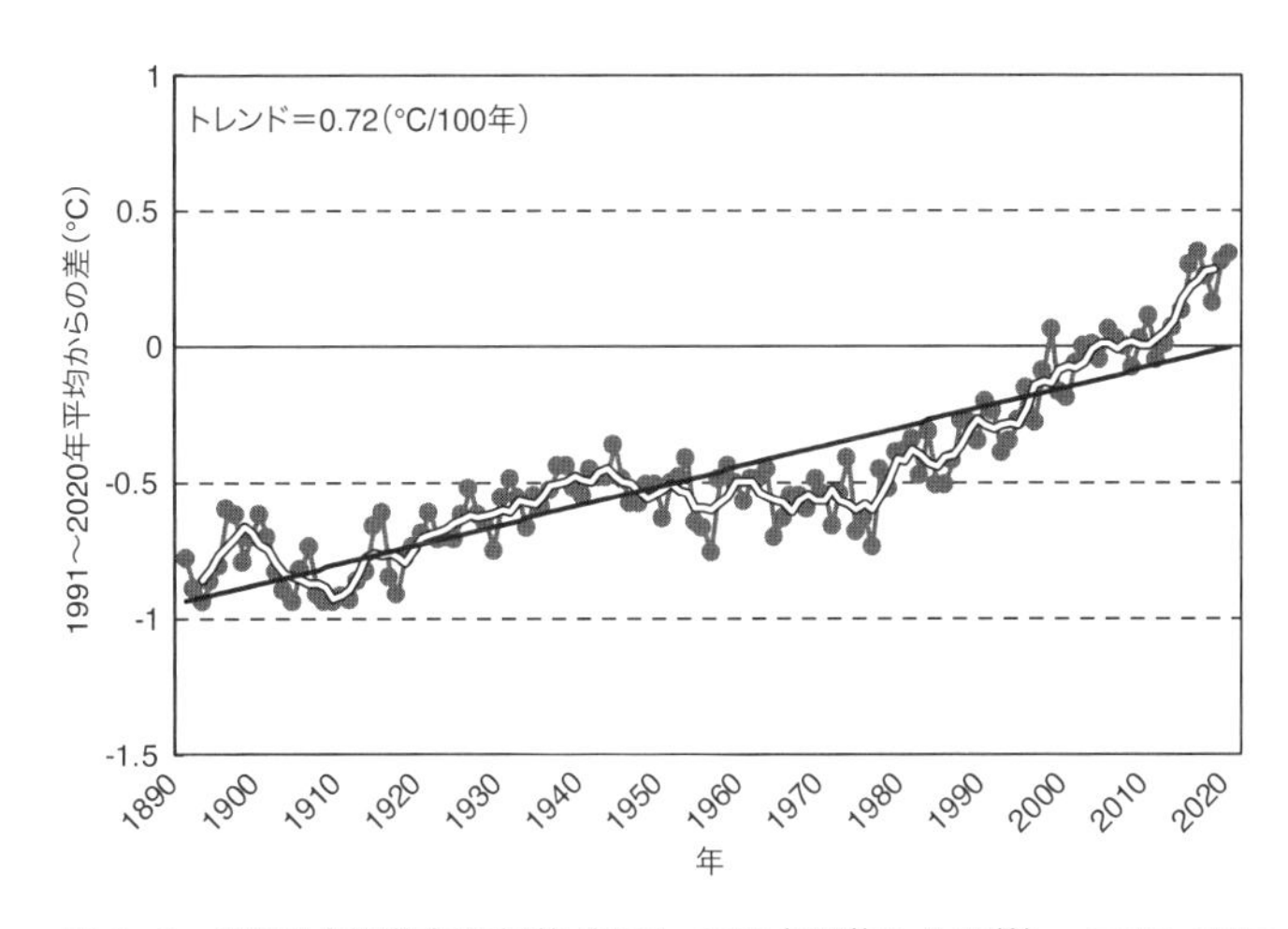

図4－3 世界の年平均気温偏差（1991〜2020年平均からの差）。グレーの折れ線グラフは年々の値、白抜き線は5年移動平均、太直線は長期変化傾向（この期間の平均的な変化傾向）を示す。気象庁ホームページのデータをもとに作成。

地球温暖化に伴う気温上昇は世界中で起こっています。１８９０年から２０２０年までの世界の平均気温の変化が**図4－3**です。世界平均気温は、毎年変動しながら徐々に上がってきている様子がわかります。１００年あたり０・72度の割合で上昇しています。気温の変化をよく見ると、20世紀半ばに気温上昇が一度停滞し、１９８０年以降、ふたたび気温上昇が加速しています。地球温暖化が現実味を帯びてきた時代です。１９８０年頃から地球温暖化の問題が顕在化し、１９８８年にＩＰＣＣの第１回会合が開かれました。そして、２年後の１９９０年に、ＩＰＣＣ第１次評価報告書が発表されたのです。その後、第２次、第３次、第４

次と定期的に発行され、2013年に第5次評価報告書が発行されました。本書執筆時点では第5次評価報告書が最新ですが、2021年に第6次評価報告書が発行される見込みです。当初は2021年4月に第1作業部会の報告『気候変動：自然科学的根拠』が公表予定でしたが、新型コロナウイルスの影響で延期されました。

話を気温の変化に戻しましょう。2000年代に入ると気温上昇がふたたび停滞します。この時期は、**ハイエイタス**（Hiatus：温暖化の停滞）と呼ばれています。この気温上昇の停滞は当初予測できていなかったため、世界各国の研究者がこの気温上昇停滞の要因を調査しました。その結果、停滞のひとつの要因として、この期間は地球にたまる熱が大気を暖めるのではなく、海の深いところに入って海水を暖めていたことがわかりました。また、この期間はラニーニャ現象（**5・1**）のような状態が長期間持続していたため、気温上昇が抑制されていたとも言われています。

停滞していた気温がふたたび上昇に転じたのが2014年頃です。2014年にこれまでの世界の年平均気温の記録を塗り替えたのを皮切りに、2015年、2016年と毎年記録を更新していきました。2014年から2016年は大規模なエルニーニョ現象が発生した時期です。エルニーニョ現象が発生すると、世界の平均気温を押し上げることがわかっています。2000年まででもっとも気温が高かった1998年も大規模なエルニーニョ現象が発生した年でした。2021年6月現在、2016年が観測史上最高、2020年が2位の気温となっています。地球温暖化がさらに進めば、この記録も近いうちに抜かれるでしょう。

4・3・2 強まる雨

地球温暖化によって変わってきているのは気温だけではありません。気象庁は過去100年を超える気象官署のデータなどから、日降水量100ミリ以上の大雨日数が増加していることを指摘しています（**図4−4**）。一方で、日降水量1ミリ以上の降水日数は減少してきています。つまり、雨の頻度は減っているものの、いったん降ると大雨になりやすい傾向にあると言えます。また、1970年代後半から観測を開始したアメダス（**3・1**）のデータを分析すると、1時間に50ミリ以上の非常に激しい雨あるいは80ミリ以上の猛烈な雨の年間発生回数が増加傾向にあることがわかります（**図4−5**）。ただ、アメダスの観測期間は気象官署と比べると短いので、さらなるデータの蓄積が待たれます。**図4−4**や**図4−5**に対応する最新の図は、気象庁のホームページでご覧いただけます[5]（二次元バーコードはホームページへのリンク）。ここで紹介した大雨の増加とともに、上空の観測データ（高層気象観測）を見ると、日本の上空約1500メートルでは水蒸気量の増加も確認されています[6]。

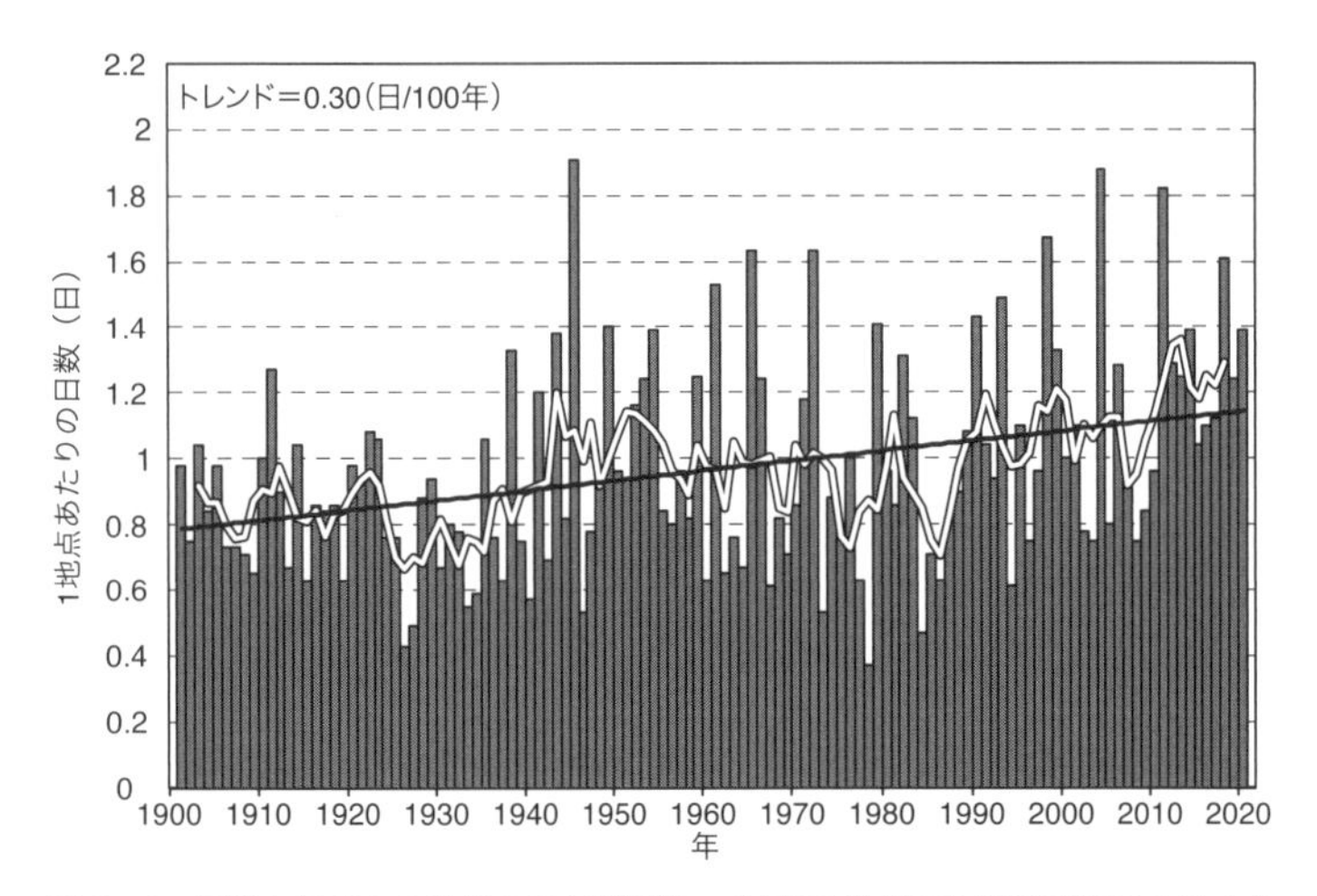

図 4－4　日降水量 100 ミリ以上の年間日数。全国 51 地点における平均で 1 地点あたりの値。棒グラフは年々の値、白抜き線は 5 年移動平均、太直線は長期変化傾向（この期間の平均的な変化傾向）を示す。気象庁のホームページのデータをもとに作成。

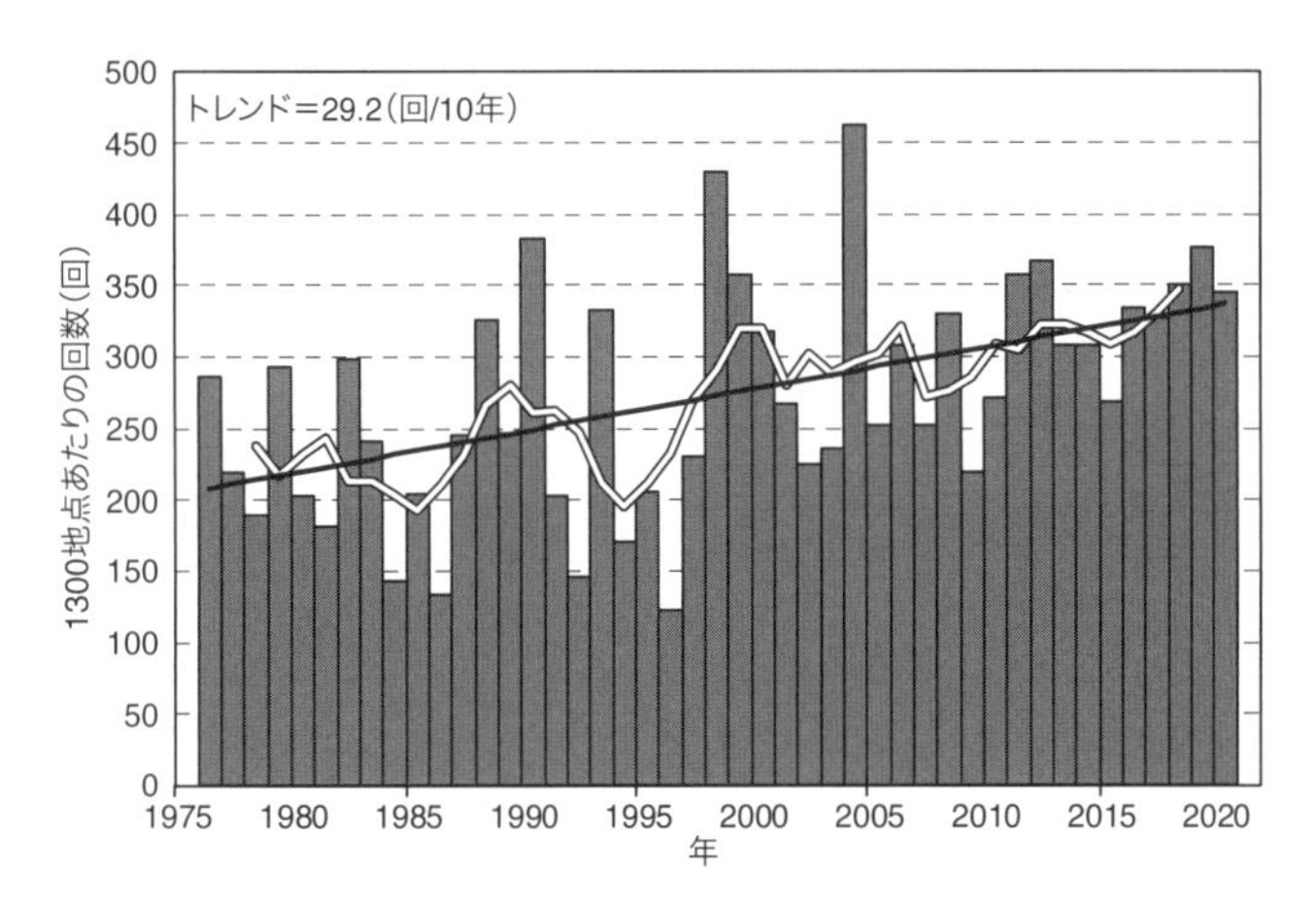

図 4－5　1 時間降水量 50 ミリ以上の年間発生回数。全国のアメダスによる観測値を 1300 地点あたりに換算した値。棒グラフは年々の値、白抜き線は 5 年移動平均、太直線は長期変化傾向（この期間の平均的な変化傾向）を示す。気象庁のホームページのデータをもとに作成。

4・3・3　減少する雪

気温が上昇することで容易に想像できるのが雪の減少です。東日本の日本海側における過去の年最大積雪深の年々変化を見てみましょう（**図4－6**）。1960年から1980年代半ばまでは年々の変動は大きいながら、雪の多い年が数年おきに見られます。しかし、1980年代半ば以降、急激に積雪深が減少している様子がわかります。1962年から2020年までの長期傾向として、東日本の日本海側では10年あたり12・4パーセントの割合で積雪が減少しています。西日本でもほぼ同様の傾向です（10年あたり14・3パーセント）。一方、北日本でも減少傾向は見られるものの、東日本ほど顕著ではありません（10年あたり4・1パーセント）。

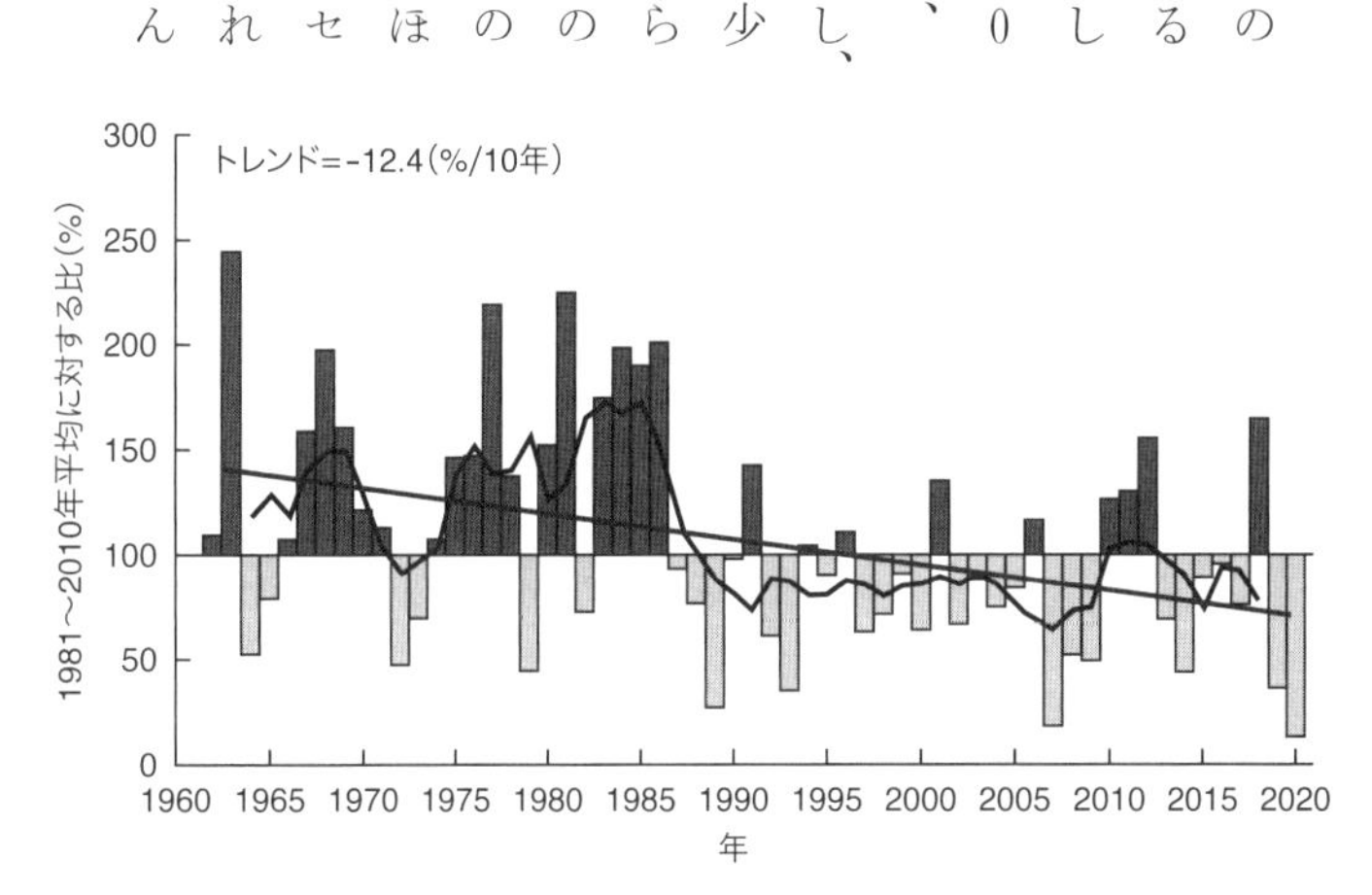

図4－6　東日本の年最深積雪の基準値に対する比の経年変化（1962～2020年）。棒グラフは年々の値、太折れ線は5年移動平均、太直線は長期変化傾向（この期間の平均的な変化傾向）を示す。「気候変動監視レポート2020」[7]の図をもとに作成。

積雪の減少が、必ずしも地球温暖化に伴う気温上昇と対応しているわけではありません。日本の冬の天候は、エルニーニョ・ラニーニャ現象のような数年規模の変動や、もっと長期の10年規模変動などさまざまな自然変動の重ね合わせで変化しています。2006年は平成18年豪雪と呼ばれる豪雪年でしたし、青森県酸ヶ湯(すかゆ)で全国のアメダスの積雪深の記録を更新したのは2013年です。山形県肘折(ひじおり)でも2018年に445センチメートルの雪が積もり、最深積雪の記録を更新しました。また、短期的には**1・9**や**2・13**でお話したJPCZにより大雪も発生します。ただ、冬の平均的な気候を反映する最深積雪が、東日本の日本海側で長期的に減ってきていることを考えると(**図4－6**)、地球温暖化の影響が出始めている可能性があります。

世界に目を向けると、減少しているのは雪だけではありません。IPCCが2019年に公表した「海洋・雪氷圏特別報告書(Special Report on the Ocean and Cryosphere in a Changing Climate)」[8]によると、20世紀後半から21世紀初頭にかけて、積雪被覆(積雪に覆われた地域)の減少、氷床(地球の陸上に存在する厚い氷)や氷河(重力などでゆっくりと移動する巨大な氷の塊)の減少(正確には、質量の消失)、北極海の海氷の面積や厚さの減少などが観測されており、いずれも確信度が「非常に高い」あるいは「高い」とされています。北極域の6月の積雪面積は10年あたり13・4(±5・4)パーセントの減少(1967年から2018年)、北極域の海氷面積は1年間のいずれの月も減少し、とくに減少量の大きい9月は、10年あたり12・

8（±2・3）パーセントの減少（1979年から2018年）となっている可能性が非常に高いと報告されています。北極海の海氷の減少は、日本の冬の寒波の襲来と関連することを示す研究もあり、今後の動向が気になるところです。

4・4 過去の気候変化を再現する

観測された気温や降水量のデータをもとに、これまでの気温上昇や大雨の増加、積雪の減少を知ることができます。同時に、温室効果ガスの観測から、温室効果ガス濃度が年々増加していることもわかっています。これらふたつの観測事実から、温室効果ガスが増加することで気温が上昇し、大雨が増加したと導き出すことができます。科学的にも温室効果ガスには気温を上げる効果があり（**4・2・1**）、気温が上がると大気中の水蒸気量が増えうるので、この解釈は正しい可能性が高いのですが、これだけでは過去の温室効果ガスの増加と、過去の気候変化との関係を結びつけるにはまだ十分ではありません。今起こっている現象、あるいは過去に起こった気候変化が、本当に人為起源の温室効果ガスの増加によるものかどうか、それを明らかにしなければなりません。その手法が気候モデルを用いた数値シミュレーションです。

気候モデルは**3・3**で紹介した数値予報モデルの一種です。世界全体を計算する気候モデルを**全球気候モデル**、日本域など領域を限定して計算するモデルを**領域気候モデル**と言います。気候モデルと天気予報で用いる数値予報モデルは基本的には同じものですが、ひとつ大きな違いがあります。天気予報をする際には初期の状態を把握することが重要になります。一方、気候モデルを使って過去の気候変化を再現する際は、初期の状態は重要ではありません。初期状態よりも重要となるのが、過去から現在に至るまでの温室効果ガスの濃度や工場からの微粒子の排出量の変化、土地利用の変化、太陽活動、大規模な火山噴火による噴煙の量などの情報です。これらは物理の法則を解くだけの気候モデルが知りえない情報ですので、外から教える必要があります（**外部強制要因**と言います）。外部強制要因は、人間が関係する**人為的要因**と、自然に起こる**自然的要因**のふたつに分けられます。人為的要因は人間活動に伴う温室効果ガスの排出や工場からの排煙、土地利用の変化など、自然的要因は、太陽活動や大規模火山噴火などです（**図4－7**）。過去から現在までの外部強制要因の変化を気候モデルに与えることで、過去の気候が再現できるようになります。

自然的要因の中で、太陽活動は地球が受け取るエネルギーと直接関係するので、大きな要因であることは容易に想像できます。一方、噴煙が成層圏にまで届くような大規模な噴火は、一時的に気候変化を引き起こすと考えられています。噴煙が成層圏に達すると、降水による除去がないため、サイズの小さい粒子（硫酸塩エアロゾル）はなかなか地上に落ちてきません。噴

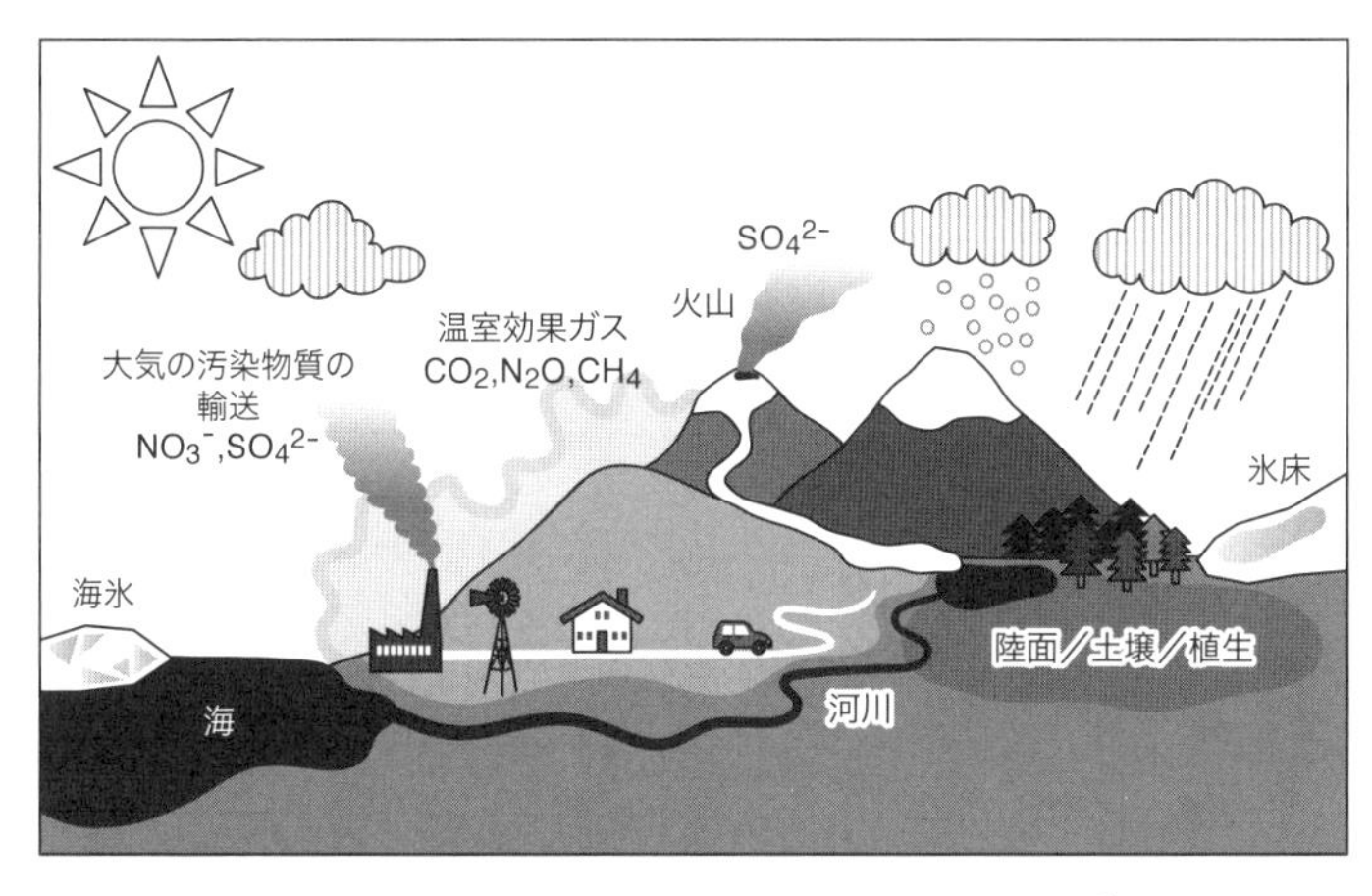

図4－7　気候システムを構成する要素。NO_3^-：硝酸イオン、SO_4^{2-}：硫酸イオン、CO_2：二酸化炭素、N_2O：一酸化二窒素、CH_4：メタン。気象庁「IPCC 第4次評価報告書第1作業部会報告書 概要及びよくある質問と回答（2007、確定訳）」(9)の図をもとに作成。

火が収まったあとも数年間、成層圏に漂い続けます。成層圏に粒子が残ると、太陽からの放射を遮ることになり、地上付近では気温が下がります。20世紀後半に大規模噴火を起こした火山は、1991年のピナツボ山（フィリピン）、1982年のエルチチョン山（メキシコ）、1963年のアグン山（インドネシア）です。実際にピナツボ山が噴火したあとの1992年から1993年にかけて世界平均気温は低下しました。

人為的要因と自然的要因をすべて加味すると、気候モデルは過去に観測された気温変化を再現することができます。**図4－8**はIPCC第4次評価報告書に記載された図ですが、第5次評価報告書や2021年

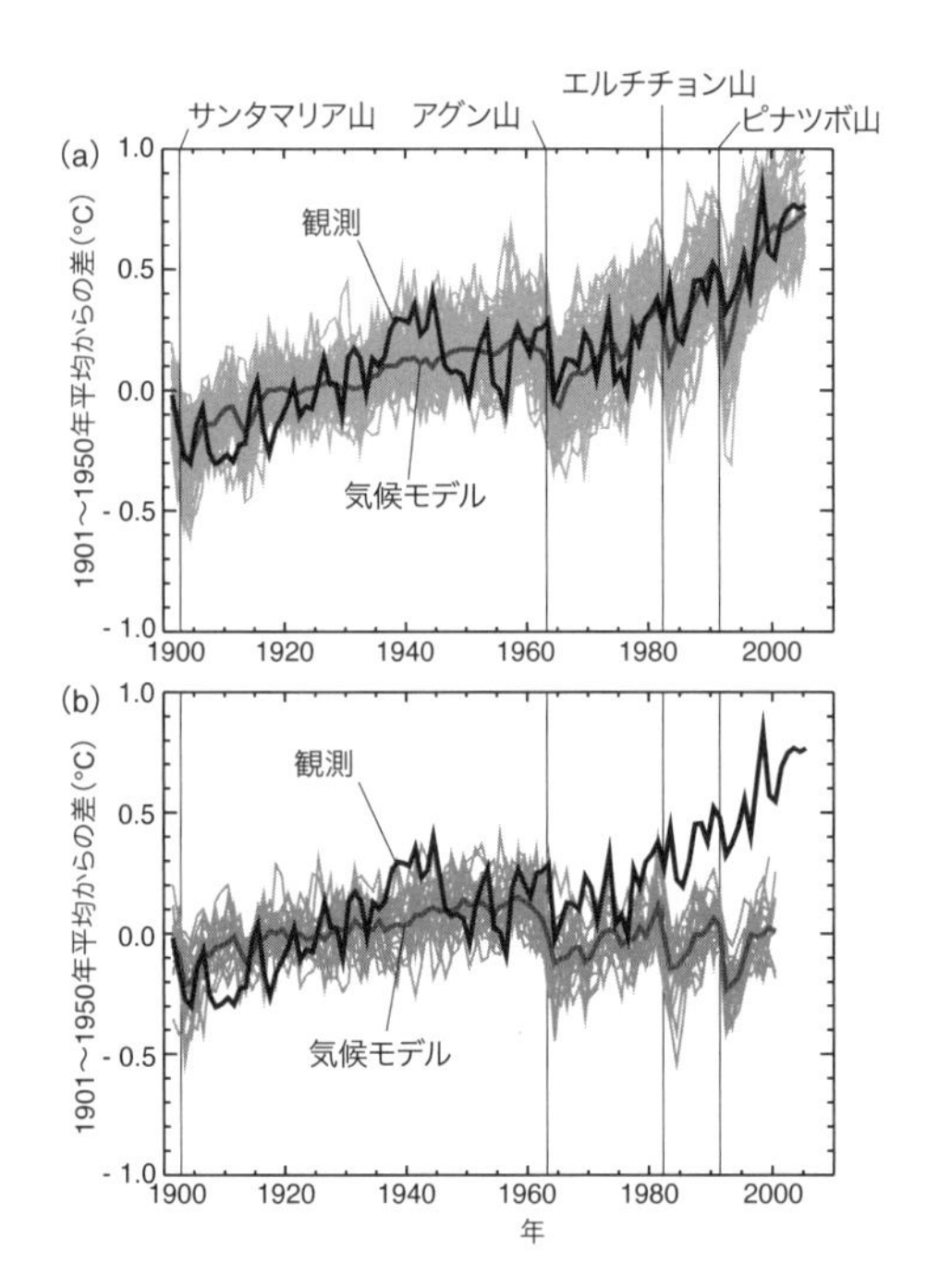

図 4－8　20 世紀の世界平均気温の変化。観測と気候モデルによる再現。（a）人為的要因と自然的要因を両方加味した場合、（b）自然的要因のみを加味した場合の気候モデルの計算結果。細い線は世界の個々の気候モデルの結果。縦線は大規模噴火の時期を示す。IPCC 第 4 次評価報告書[10]の図をもとに作成。

に発刊される第6次評価報告書が引用する研究においても、同様のやり方で過去の気候再現実験が行われています。このような取り組みは世界各国で行われており、**図 4－8**では複数の結果を1本1本の線として描き、平均した線を太線で描いています。数値シミュレーションのよいところは「仮に人間活動による温室効果ガスの排出がなかったら」という仮定のもとで、私たちが経験しえなかった仮想の世界をつくりだせることとです。さきほど説明した自然的要因と人為的要因のうち、自然的要因のみを気候モデルに与えて過去の気候を再現すれば、人間活動がどの程度近年の気温上昇に寄与したかがわかります。もし人間活動による温室効果ガスの増加がなければ、１９６０年以降の気温上昇は再現されず、それどころか大規模火山噴火の影響などで20世紀末にかけて気温は低下する結果となっています（**図４－８下**）。ＩＰＣＣの報告書ではこれらの実験結果も踏まえて、人間活動が近年の気温上昇を引き起こした可能性がきわめて高いと結論づけているのです。

4・5 将来の気候を予測する

4・4では気候モデルを用いて過去の気候を再現する方法を紹介しました。同じような方法を使えば、将来の気候予測をすることもできます。ここで鍵となるのは、気候モデルに与える将来の自然的要因（太陽活動と火山噴火）と人為的要因（温室効果ガスなど）です。過去の値であれば、観測データをもとに復元できますが、将来はどうでしょう。タイムマシンでもない限り、将来の火山が噴火した時期を調べたり、温室効果ガスの濃度を測ったりすることはできません。そこで、将来予測を行うときにはいくつかの仮定を置きます。自然的要因については、過去のデータを参考に太陽活動の11年周期や大規模火山噴火を仮定します。人為的要因については、今後、人類が歩む道をいくつか想定し、それらの想定に基づき、排出される二酸化炭素の量などを見積もります。これは**排出シナリオ**と呼ばれ、地球温暖化に伴う気候変動予測の肝となります。IPCCの第4次評価報告書（2007年）では、「排出シナリオに関する特別報告（SRES）」、第5次評価報告書（2013年）では、「代表的濃度経路（RCP）」に基づいた排出シナリオが用いられました。RCPは温暖化の度合いによって、RCP2.6、RCP4.5、RCP6.0、RCP8.5の四つのシナリオがあります。RCP2.6は、地球温暖化の緩和策を行い温室効果ガスの排出を大きく減らしたシナリオで、21世紀末の気温上昇をパリ協定のめざす2度未満（工業化前との比較）に抑えることができるシナリオです。一方、RCP8.5は21世紀初頭と同様の緩和策しか講じず、現在と同程度の排出を続けたシナリオです。RCP8.5の場合、21世紀末の世界の平均地上気温は工業化前に比べて4・8度前後上昇すると見積もられていますの（**図4-9**）。IPCC第6次評価報告書では、RCPシナリオと「共有社会経済経路（SSP）」を組み合わせたようなシナリオが用いられます。SSPの詳細は、2016年に気象学会の機関紙に掲載された電力中央研究所の筒井純一氏の解説記事[12]などをご参照ください。IPCC第6次評価報告書では、新しいシナリオのもとに計算された将来予測の結果が多く紹介されるでしょう。

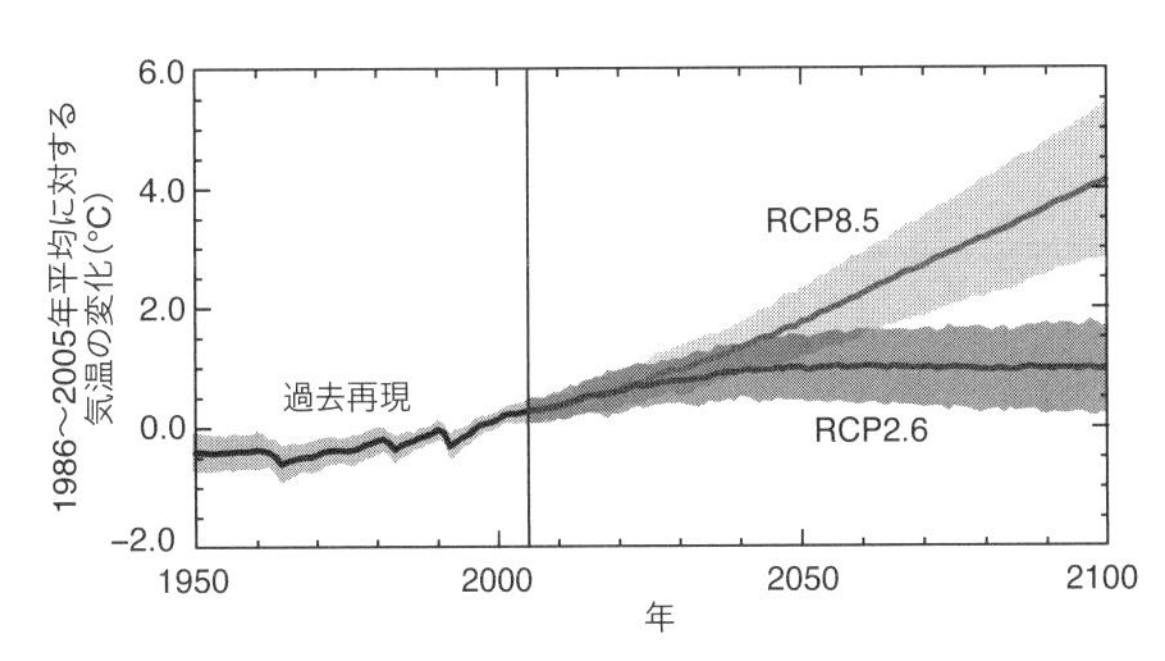

図 4－9　世界平均地上気温の将来予測。陰影は気候モデルの予測のばらつきを、太線は平均を示す。「IPCC 第 5 次評価報告書第 1 作業部会報告書政策決定者向け要約」（気象庁訳）[11]の図をもとに作成。

通常、気候変動予測を行う場合には、地球の大気全体を対象とする全球気候モデルを用います。地球全体をカバーするために水平解像度（メッシュ間隔）が粗く、100キロメートルから400キロメートルのモデルが主流です（IPCC第5次評価報告書時点）。そのため日本の複雑な地形を解像することができず、粗いモデルになると日本が数点しか存在しない場合もあります。そのようなモデルでは当然、脊梁山脈を境に大きく変わる冬の日本の天気や地形性の大雨などを再現することはできません。そこで気象庁は、地球全体を対象とした気候変動予測結果をもとに、日本付近だけを新たに5キロメートルの高解像度で計算しなおしています（**力学的ダウンスケーリング**と呼ばれます）。**3・3**で紹介したメソモデルや局地モデルと同じしくみです。この結果は地球温暖化予測情報として定期的に公開されてきました[13]。

4・6 将来の日本の気候はどう変わる？

文部科学省と気象庁は２０２０年12月、「日本の気候変動２０２０―大気と陸・海洋に関する観測・予測評価報告書―」[14]を公表しました。日本の気候変動２０２０では、パリ協定の2度目標（世界の平均気温の上昇を工業化前から2度以内に抑える）が達成された場合（2度上昇シナリオ）と、21世紀初頭を超える追加的な緩和策を取らなかった場合（4度上昇シナリオ）に予測される、将来の日本の気候変動予測がまとめられています。2度上昇シナリオと4度上昇シナリオはそれぞれ、RCP 2.6とRCP 8.5（**4・5**）に対応します。本報告書は「概要版」「本編」「詳細版」に分けられており、すべて気象庁のホームページ[14]からご覧いただけます。

概要版にまとめられた21世紀末の日本の将来予測を紹介します（**図4-10**）。日本の年平均気温はそれぞれのシナリオで約1・4度と約4・5度上昇します。シナリオの名前の気温（2度と4度）と一致しないのは、シナリオの名前の気温上昇は世界平均気温が用いられていることと、2度、4度上昇といっても、ぴったりその気温上昇ではないことによります。気温上昇に伴い、猛暑日（最高気温35度以上）や熱帯夜（最低気温25度以上）の日数は増加し、冬日（最低気温0度未満）は減少します。本書のテーマである激しい雨の増加も予測されています。4

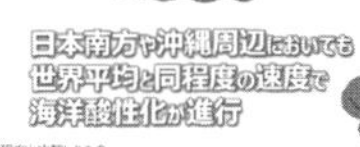

図 4－10　「日本の気候変動 2020」概要版[14]に掲載された日本の気候変化予測のまとめ。2 度および 4 度上昇シナリオに基づく予測。

度上昇シナリオでは年最大の日降水量が現在に比べて約27パーセント増加、時間降水量50ミリ以上の頻度は約2・3倍になる可能性があります。さらに、強い台風の割合が増加、台風に伴う降水と暴風も強まる予測です。気温上昇に伴い、降雪量や積雪は減少するとみられますが、大雪のリスクは依然として残ります。

気温に関して、もう少しくわしく見てみましょう。日本の年平均気温は約4・5度上昇する予測（4度上昇シナリオ）となっていますが、気温の上がり方は地域や季節によって異なります。気温の上がりやすい地域は北海道で、5度近く上昇することが予測されています。逆に、気温が上がりにくいのは沖縄・奄美です。こちらは全国平均よりかなり小さく、3・3度程度の気温上昇にとどまる見込みです。地球温暖化による気温上昇は、世界的には低緯度よりも高緯度で大きく、また海上よりも陸上のほうが大きい傾向にあります。北海道で気温が上がりやすく、沖縄で上がりにくいのは、これらの昇温傾向に対応しています。季節別に見た場合、もっとも気温が上がりやすいのは冬です。冬の気温上昇は全国平均で5・0度と、年平均の気温上昇を0・5度も上回っています。とくに北海道の太平洋側では5・5度もの昇温が予測されています。逆に昇温が小さい春や夏は、冬と比べると昇温に約1度の差があります。

世界的に見ると、シベリアやカナダ、北極海などで大きな昇温が予測されています。なぜ、冬や高緯度の地域では気温が上がりやすいのでしょうか。その原因のひとつが、陸上や海上を覆う雪や氷の存在です。雪は太陽の光を反射し、とくに新雪は日射の90パーセント近くを反射させます。言ってみれば、太陽が上と下から同時に照らしているのとほぼ同じことになります。晴れた日、スキー場で日焼け止めを塗らないとすぐに日焼けしてしまうのはこのためです。地球は太陽の光で暖められ、温室効果によってその熱が大気にとどまりますが（**4・2・1**）、雪や氷に覆われていると、入ってきた太陽の光が地球に吸収されることなく、ふたたび宇宙に逃げていきます。では、地球温暖化が進むとどうなるのでしょうか。気温の上昇に伴い、雪ではなく雨として降る頻度が高まり、また雪が積もったとしても融けやすくなります。その結果、これまでは雪や氷に覆われていた地面や海面が露出し、太陽の光をたくさん吸収できるようになります。それに伴い、気温が上がり、さらに雪が融けやすくなります。この過程は、**アイス・アルベドフィードバック**と呼ばれ、気温上昇が加速するメカニズムのひとつです。なお、この過程は太陽が出ているときにしか起こりません。夜間や、1日中太陽が出ない（極夜）冬の高緯度地域では、この影響は小さくなります。

4・7 地球温暖化が進むと大雨は増えるのか

過去の観測から、大雨の頻度が増加しつつあることがわかっていますが（**4・3・2**）、地球温暖化が進行するとこの傾向がさらに顕著になる見込みです。4度上昇シナリオでは、21世紀末に日降水量100ミリ以上の大雨日数が全国のほとんどの地域で増加する予測となっています（**図4-11**）。また、さらなる大雨である日降水量200ミリ以上の日数は、全国平均でも現在と比べて2倍以上になる予測です。1年間でもっとも多い日降水量（年最大日降水量）で見るとどうでしょうか。こちらもほぼ全国的に増加します。地球温暖化が進んだ世界では、現在ほとんど観測されないような大雨が毎年のようにどこかで出現するかもしれません。

大雨日数や年最大日降水量と同様に、短時間強雨も全国的に増加する予測です。1時間に30

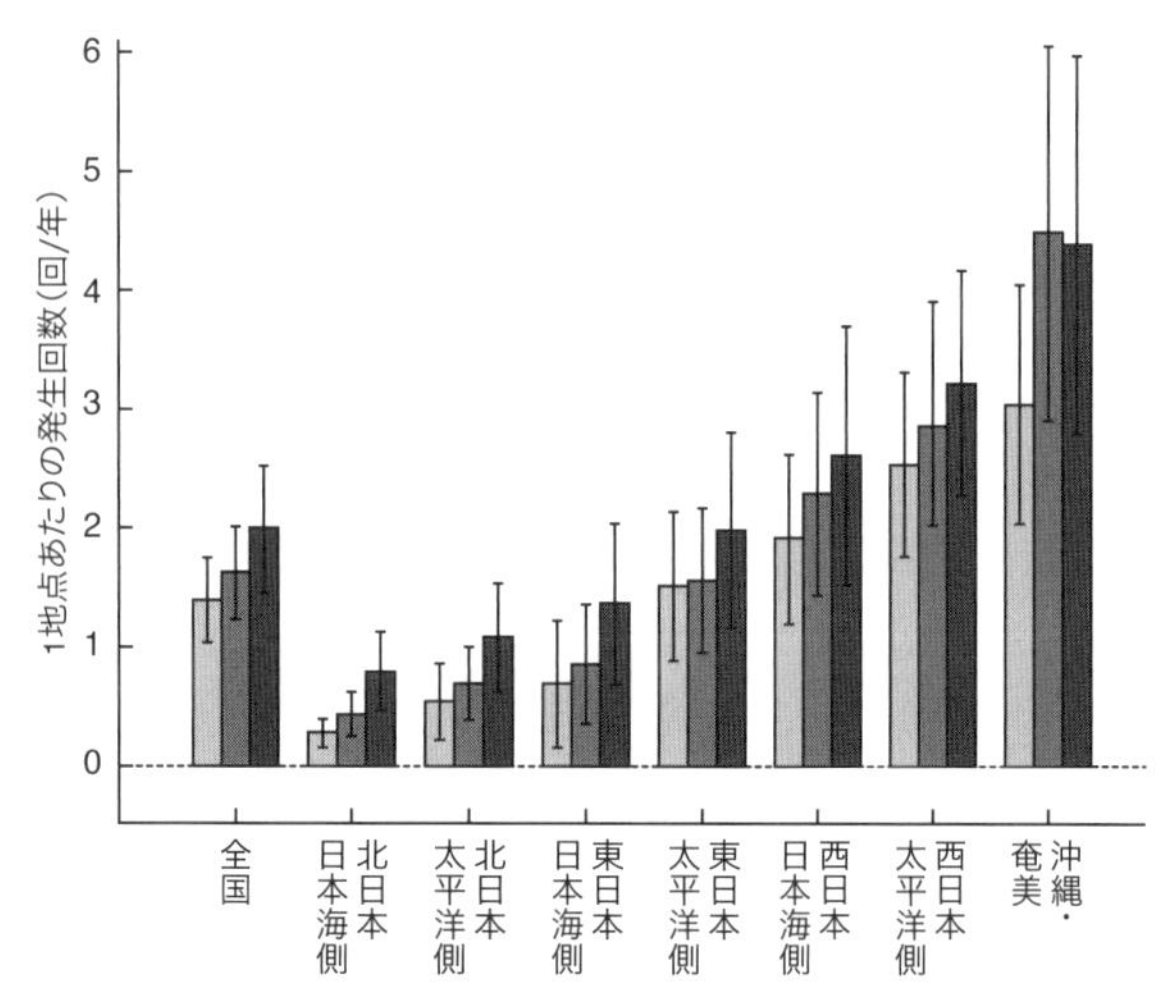

図4－11　全国および地域別の1地点あたりの日降水量100ミリ以上の発生回数（回/年）。20世紀末を基準とした21世紀末の変化を示す。左棒が現在、中央棒がRCP2.6シナリオ（2度上昇シナリオ）、右棒がRCP8.5シナリオ（4度上昇シナリオ）。細い縦線は年々変動の幅。「日本の気候変動2020」詳細版[14]の図を参考に作成。

ミリ以上の激しい雨、50ミリ以上の非常に激しい雨の発生回数はいずれも増加する予測です。現在、北日本では1時間に50ミリ以上の雨はほとんど発生しませんが、将来は今の東日本の太平洋側並みに発生する予測となっています。また、すでに1時間に50ミリ以上の雨がたびたび観測される西日本や沖縄・奄美では、21世紀末には現在の2倍近くに増える可能性があります。このような傾向は過去から現在にかけて観測されている傾向（**4・3・2**）と一致しますので、かなり確度の高い予測と言えるでしょう。

地球温暖化が進行するとなぜ大雨

が増えるのでしょうか。ひとつは気温上昇によって大気中に含むことができる水蒸気量が増えるためです。これは本書で何度も出てきました。気温が1度上がると大気中に含むことができる水蒸気量がおおよそ7パーセント増加するクラウジウス－クラペイロンの関係（**2・1**）です。増えた水蒸気はどこかで雨や雪として降ります。では日本ではいつどこで降るかですが、温暖化した場合でも第1章や第2章で紹介したパターン（梅雨前線や台風、線状降水帯など）のときに大雨が降ります。このとき、地球温暖化によって増えた水蒸気が特定の場所に集まることになり、そこで雲が発達し、現在よりも多量の雨が降ると考えられます。

ただ、単純に水蒸気量の増加だけで降水量が決まるわけではありません。地球温暖化によって大気の流れが若干変わると、現在、風がぶつかって（収束して）上昇気流が発生している場所で上昇気流が弱まり、たとえ水蒸気の量が多かったとしても大雨は減少する可能性があります。水蒸気がいくらあっても、それが雨として降らない限り、大雨は増えないのです。気温上昇に伴う水蒸気量の増加よりも大気の流れの変化の影響を受けやすいのが、年積算降水量や季節別に積算した降水量です。年積算降水量は北海道や九州西部を除いて減少する予測となっているほか、夏は東日本から西日本の広い範囲で大きく減少する予測となっています。夏の降水量を大きく左右するのは、梅雨前線や台風の挙動ですが、じつは梅雨の予測はまだ固まっていません。「日本の気候変動２０２０」では夏の降水量が減少する予測となっているものの、世界の他の研究機関の予測を見ると、必ずしも減少するとは限りません。また、台風が影響する大雨については、将来の台風の強さや経路、日本に近づく数がどのように変化していくかに大きく影響されます。地球温暖化により梅雨期の雨や台風がどのように変化するのかは、まだ課題として残っています。

一方、冬の降水量は本州の日本海側で減少、太平洋側で増加という明瞭なコントラストが見られます。これは将来、冬の季節風、つまり冬型の気圧配置が弱まり、日本の南海上を低気圧（いわゆる南岸低気圧）が通りやすくなることを示唆しています。冬の季節風の弱化の要因は、高緯度の陸域ほど気温が上がりやすいことに関係しています。ユーラシア大陸が冷えることで太平洋との温度差が大きくなると、冬の季節風は強まります。地球温暖化が進むと、海よりも大陸の温度が上がるために、海陸の温度コントラストが小さくなります。その結果、冬の季節風が弱まり、結果として冬型のときに降水の多い日本海側で降水量が減少します。なお、冬の季節風の弱化は、海陸の温度コントラストの変化のほか、日本のはるか東の海上の大気の流れ（アリューシャン低気圧）の変化との関連を示唆する研究もあります[15]。

では逆に、雨や雪の降らない日（無降水日）はどうなるのでしょうか。無降水日は全国的に増加する予測となっています（**図4－12**）。無降水日の増加は、地球温暖化に伴う大気の安定度の変化が影響していると考えられています。**2・3**で大気の安定・不安定の話をしましたが、

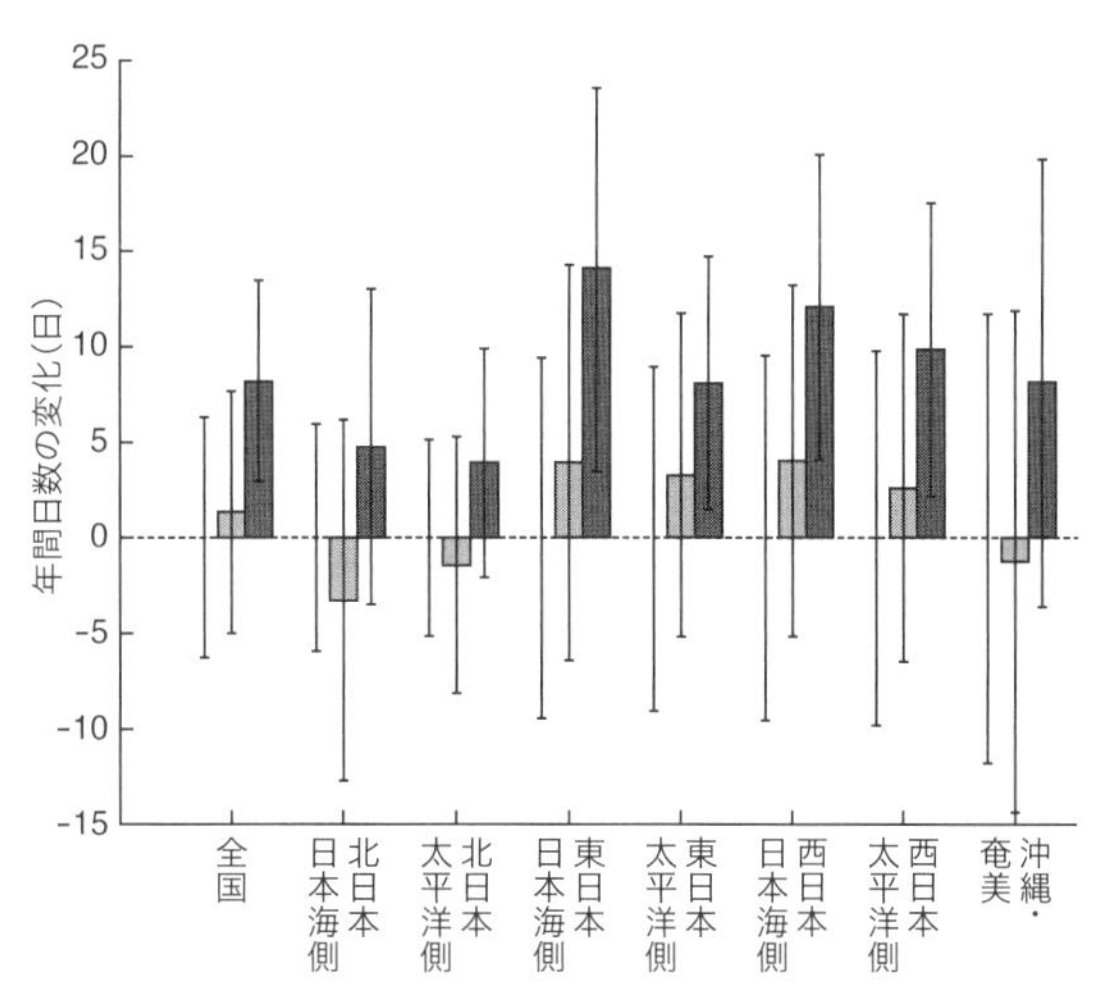

図 4－12　全国および地域別の 1 地点あたりの無降水日の年間日数の将来変化（日）。図の見方は図 4－11 と同じ。「日本の気候変動 2020」詳細版[14]の図を参考に作成。

地球温暖化が進むと大気はやや安定化する傾向になると予測されています。大気の安定化により、雲の発達が抑制されることが、無降水日数が増える要因のひとつと考えられます。無降水口の増加傾向は過去の観測でも見えており、確信度の高い予測と言えるでしょう。一方、気温や海面水温の上昇に伴い、大気中の水蒸気量は増えるので、いったん何かのきっかけで積乱雲が発達すれば、下層の大量の水蒸気がエネルギー源となり、現在よりも積乱雲が発達し、より強い雨、多量の雨を降らせる可能性があります。つまり、地球温暖化が進むと、雨の降る日は少なくなるものの、降るときは大雨になりやすいことを示しています。地球温暖化により雨の降り方が極端になると言われる所以です。

ここで紹介した降水量の予測は「日本の気候変動２０２０」に記載された研究成果に基づいています。気候変動予測の研究分野は日々進展しており、常に最新の科学的知見に基づく研究が行われています。また、温室効果ガスの排出シナリオに関しても、シナリオを立てる時点での世界の社会経済状況の見通しによって変わっていきます。２０２１年にはＩＰＣＣ第６次評価報告書が発行されます。日本の将来予測についても、２０１８年12月１日に施行された気候変動適応法のもと、おおむね５年ごとに最新の気候予測や気候変動影響の評価が公表される見込みです。

4・8　100年に一度の雨の予測

「日本の気候変動２０２０」によると、日降水量１００ミリ以上の大雨日数は、地球温暖化の進行に伴い、増える予測です。１００ミリや２００ミリという数字だけだと、そこまですごい雨のように感じられないかもしれませんが、実際にはそれ以上の雨量の大雨についても増加する予測となっています（**図4－13**）。別の見方をしてみましょう。**2・10**の中で○年に一度という再現期間、確率降水量の話が出てきました。**3・4**の特別警報発表の際には50年に一度

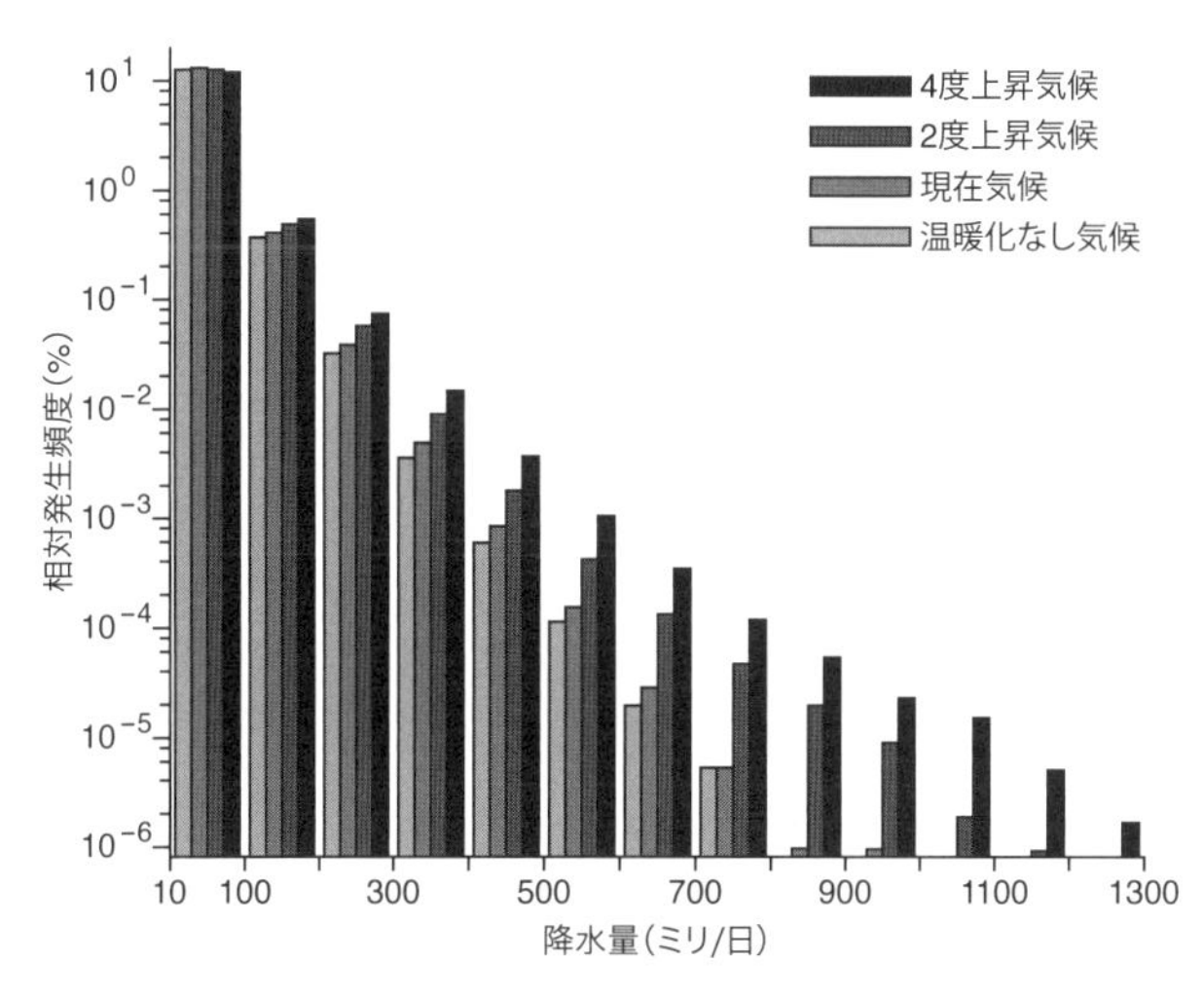

図 4－13　関東地方の日降水量の頻度分布。現在の気候、工業化以降の温暖化がなかったと仮定した気候、工業化以降2度および4度上昇した際の気候。Miyasaka et al. (2020)[16]の図をもとに作成。

の大雨が基準となっています。このほか、100年に一度や1000年に一度の値が治水計画などを立てる際に用いられます。国土交通省では、地球温暖化に伴う大雨の増加が河川へ及ぼす影響を評価するため、2018年に有識者による「気候変動を踏まえた治水計画に係る技術検討会」を設置しました。この中で将来の日本の極端降水（極端に強い大雨）が温暖化に伴ってどのように変化するのかを評価しています。技術検討会の報告によると、年超過確率1／100の大雨（次に起こるまでの年数が平均100年の大雨）は、全国的に増加する傾向が見られ、2度上昇シナリオにおいては1・1倍程度、4度上昇シナリオでは1・2倍から

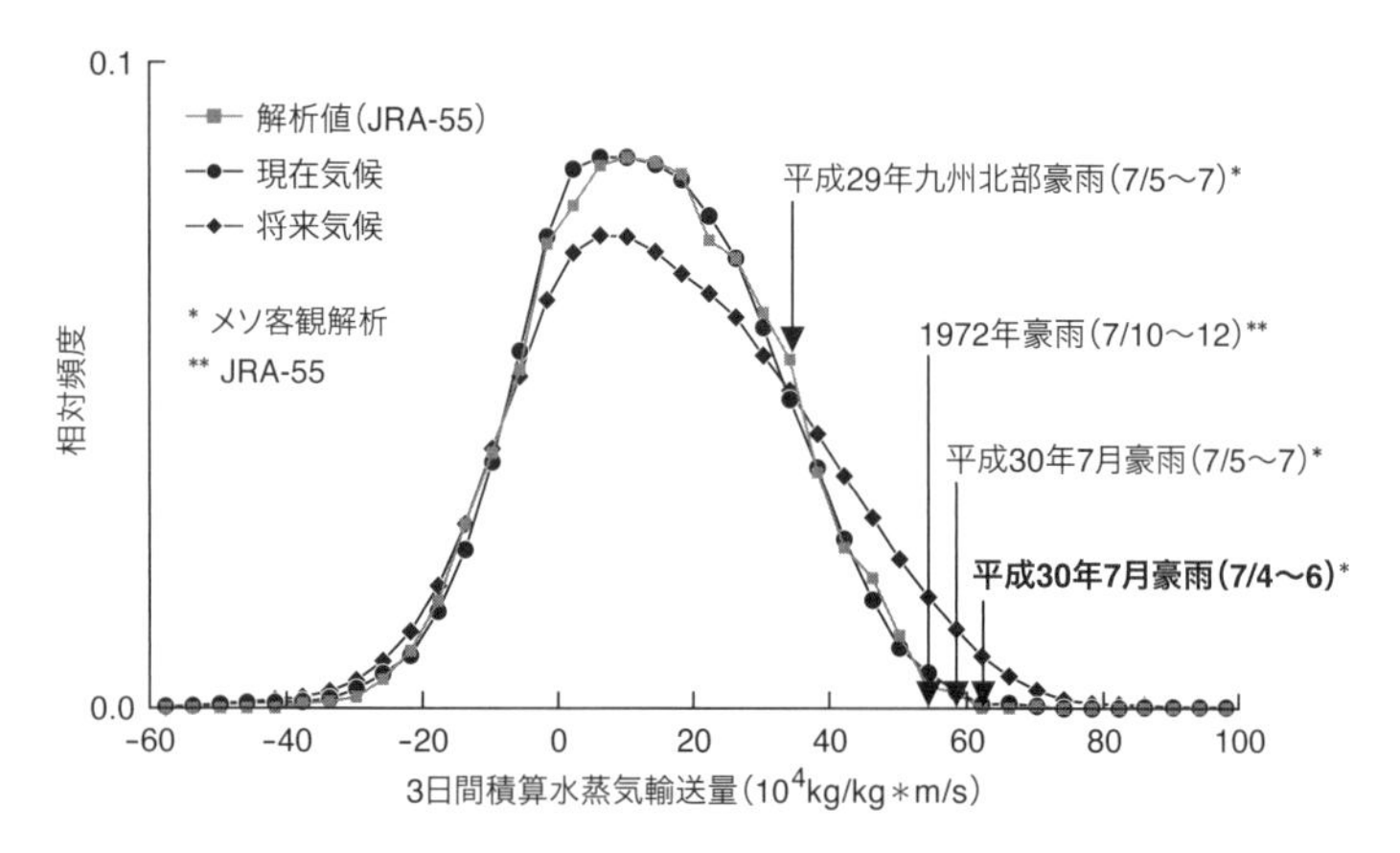

図 4－14　日本域に流入する水蒸気量の将来変化。実際の解析値（気象庁 55 年長期再解析：JRA−55）と気候モデルで計算した現在気候および 4 度上昇したときの値。縦軸は相対頻度、横軸が 3 日積算水蒸気輸送量（10^4 kg/kg*m/s）を示す。小坂田・中北（2019）[19]の図をもとに作成。

多いところでは1・4倍になる可能性があると試算されています[17]。なお、この値は暫定値ですので、今後変わる可能性があります。

平成30年7月豪雨や令和2年7月豪雨では、多量の水蒸気が西日本や東日本に流れ込みました。水蒸気が豪雨の素となるので、入ってくる水蒸気が多いほど、大雨を降らせる〝ポテンシャル〟があります。京都大学の中北英一教授と小坂田ゆかり助教の研究チームは、「地球温暖化対策に資するアンサンブル気候予測データベース」[18]を分析し、4度上昇シナリオにおいて日本に流入する水蒸気量を調べました（**図4－14**）。現在の気候では、平成30年7月豪雨（評価したのは7月5日から7日）と同等かそれ以上の水蒸気量が流れ込む確率（超過確率）は0・83パーセントと非常に低く、きわめて稀な多くの水蒸気量が流入していたことがわかりました。一方、4度上昇シナリオでは2・78パーセントと頻度が増加し、さらに多くの水蒸気量が流れ込む可能性もあることが示されました。[19] なお、これまでも書いてきたように、実際に豪雨になるかどうかは、多量に流れ込む水蒸気を雨として降らす要因となる現象（梅雨前線や台風に伴う風の収束）が必要になります。平成30年7月豪雨をもたらしたような大気の流れのパターンが将来発生した際には、平成30年7月豪雨以上の総降水量になると考えられます。

なお、小坂田氏らが用いた「地球温暖化対策に資するアンサンブル気候予測データベース」とは、気候モデルを用いたアンサンブル計算（**3・3・3**）により、現在気候と将来気候において数千年分の計算が実施されたデータベースで、文部科学省気候変動リスク情報創生プログラムによって２０１５年につくられました。このデータベースを分析することで、出現頻度が稀な豪雨や豪雪、猛暑が将来どのように変化するかを評価することが可能となりました。

北海道大学の山田朋人准教授、星野剛研究員らの研究チームは、地球温暖化対策に資するアンサンブル予測データベースの情報をもとに、北海道を対象として5キロメートルメッシュの領域気候モデルを用いたダウンスケーリングを行い（**4・5**）、地球温暖化が進行した将来の大雨の変化を評価しました。[20] 研究チームは、今世紀末（産業革命以前から4度上昇した場合）、北海道十勝川流域において、稀に発生する極端な大雨の量（超過確率１／１５０相当の降水量）が、およそ1・38倍に増加する可能性を指摘しました。超過確率とは、各年の降雨量などを統計的に処理し、ある値を超過する可能性を年確率で示したものです。超過確率１／１５０は、毎年、1年間にその規模を超える大雨が発生する確率が１／１５０であることを意味します。これに伴い、十勝川流域では浸水面積が4割、浸水家屋数が2割増加すると試算されています[21]。

台風による大雨はどのようになるのでしょうか？　地球温暖化が進行すると、日本の南の海上を含む北西太平洋で勢力が強い台風の割合が増加する可能性があることが指摘されています[22]。温暖化すると海面水温が上昇することがひとつの要因と考えられています。一方で、台風の数自体はやや減少する可能性が指摘されています。なお、台風は北西太平洋や南シナ海に存在する勢力の強い熱帯低気圧ですが、ほかの海域においても台風に相当する強い熱帯低気圧の将来予測が行われています[23]。台風や熱帯低気圧の発生数の将来変化に関しては、今後のさらなる研究が待たれます。ただし、多くの海域において勢力の強い熱帯低気圧の割合が増え、すべての海域で熱帯低気圧に伴う降水の強度は増加する予測です。日本においても、関東から九州に近づく台風がもたらす大雨は増加すると予測されています[16][24]。また、過去に日本に襲来し、甚大な被害をもたらした伊勢湾台風などが、もし地球温暖化が進行した世界で発生していたらどのようになるかを調べた研究でも、台風の勢力強化や、さらなる降水量の増加が指摘されています[25][26]。

将来、発達した台風の日本襲来が予測される場合には、今以上の警戒が必要になるでしょう。ほかにも、２０１９年の台風第19号に伴う大雨に関しては、工業化以降の気温上昇によってどの程度影響を受けたかを評価する研究が行われています[27]。これについては第5章でくわしく紹介します。

4・9 湿潤域の雨はさらに増え、乾燥域はさらに乾燥化する

気温上昇により、大気中に含むことのできる水蒸気の量は、世界のどの地域でも増加しますが、降水量は全世界で一様に増加するわけではありません。降水量が減少する地域もあります。大まかには、もともと降水量が多い湿潤域でさらに降水量が増加し、もともと降水量が少ない乾燥域で降水量が減少する予測となっています。つまり、雨の降り方がさらに偏ることを示しています。この理由は次のように考えることができます。湿潤域は、水蒸気が多く、風のぶつかり（収束）などで上昇気流が生じれば、積乱雲が発達しやすい場所です。実際に低緯度で**熱帯収束帯**（Intertropical Convergence Zone：ＩＴＣＺ）と呼ばれている場所は雨が多くなっています。一方、雨の少ない乾燥域や半乾燥域では、下降気流が卓越しやすく（高気圧に覆われやすく）、上空から乾いた空気が降りて、地上付近で空気は発散しています。地球全体で見ると、

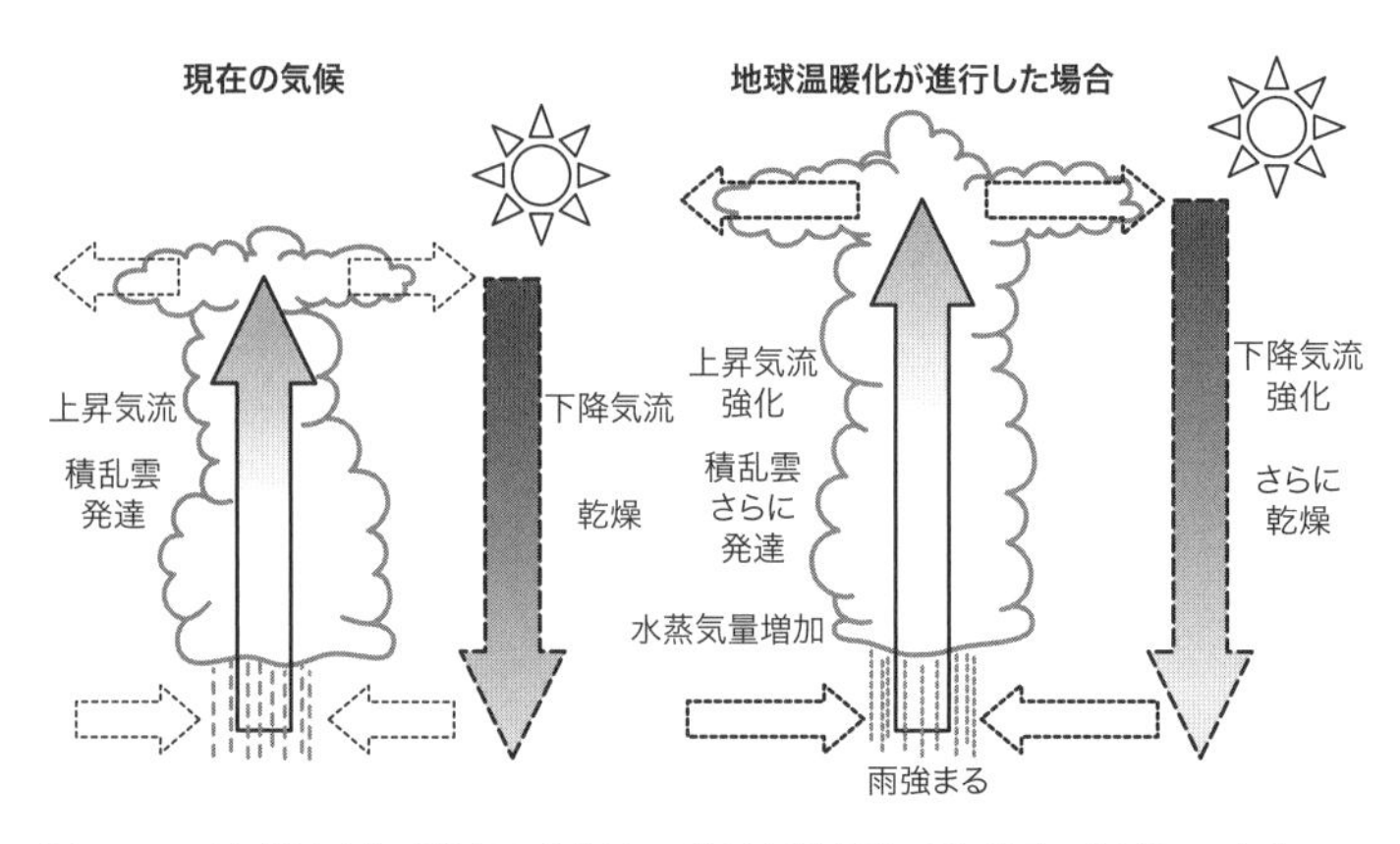

図 4－15　地球温暖化が進行した場合の積雲対流活動（積乱雲の発達）の変化のイメージ。

上昇気流と下降気流がバランスすることで大気の循環が形成されています。

この状態で地球温暖化により大気中の水蒸気の量が増えたらどうなるでしょう。もともと下層の水蒸気が集まる場所では、より多くの水蒸気が集まり、より多くの水蒸気が上空に運ばれます。そうするとこれまで以上に積乱雲が発達し（つまり、上昇気流が強まり）、さらに多くの雨を降らせることになります。一方、強まった上昇気流とバランスを取るために、下降気流も強くならないといけません。その結果、乾燥域では下降気流がいっそう強まり、降水量が減少することになります（**図 4－15**）。この現象は英語で、Dry gets drier, wet gets wetter（乾燥域はさらに乾燥化し、湿潤域はさらに湿潤化する）と呼ばれています。

一方、大気の流れが変わって降水量が増えることをwet gets wetterと対比させて、warmer gets wetter（相対的に気温上昇が大きい場所で新たな上昇気流が生まれて湿潤になる）と表現されることがあります[28]。日本ではおもに台風と梅雨前線が大雨をもたらします。たとえば、地球温暖化で台風が日本にこなくなったり、梅雨前線の停滞する期間が短くなったりすれば、たとえ水蒸気が増えたとしても、それが降水となって落ちる機会が減り、結果的に降水量は減少します。

4・10 大雪はどうなる？

地球温暖化で大雪はどうなるのでしょうか。気温が上がれば、雪が減るのは当たり前と思われるかもしれません。たしかに日本の過去の観測データを見ても、年最大積雪深は減少してきています（4・3・3）。ただ、このまますんなり雪が減っていくかというと、そんなに単純ではありません。雪の変化は時期や場所、降り方によって異なることがわかってきています。

全国のほとんどの地域で減少すると考えられるのが、ひと冬に降る雪の総量（総降雪量）です。地球温暖化が進むと、雪の降り始めが遅く、降り終わりが早くなり、雪の降る期間が短くなります。これはどの地域でも変わりません。ちなみに、秋から冬への気温推移において、5度の気温低下は約1カ月の気温変化に相当します。冬から春への5度の気温上昇についてもほ

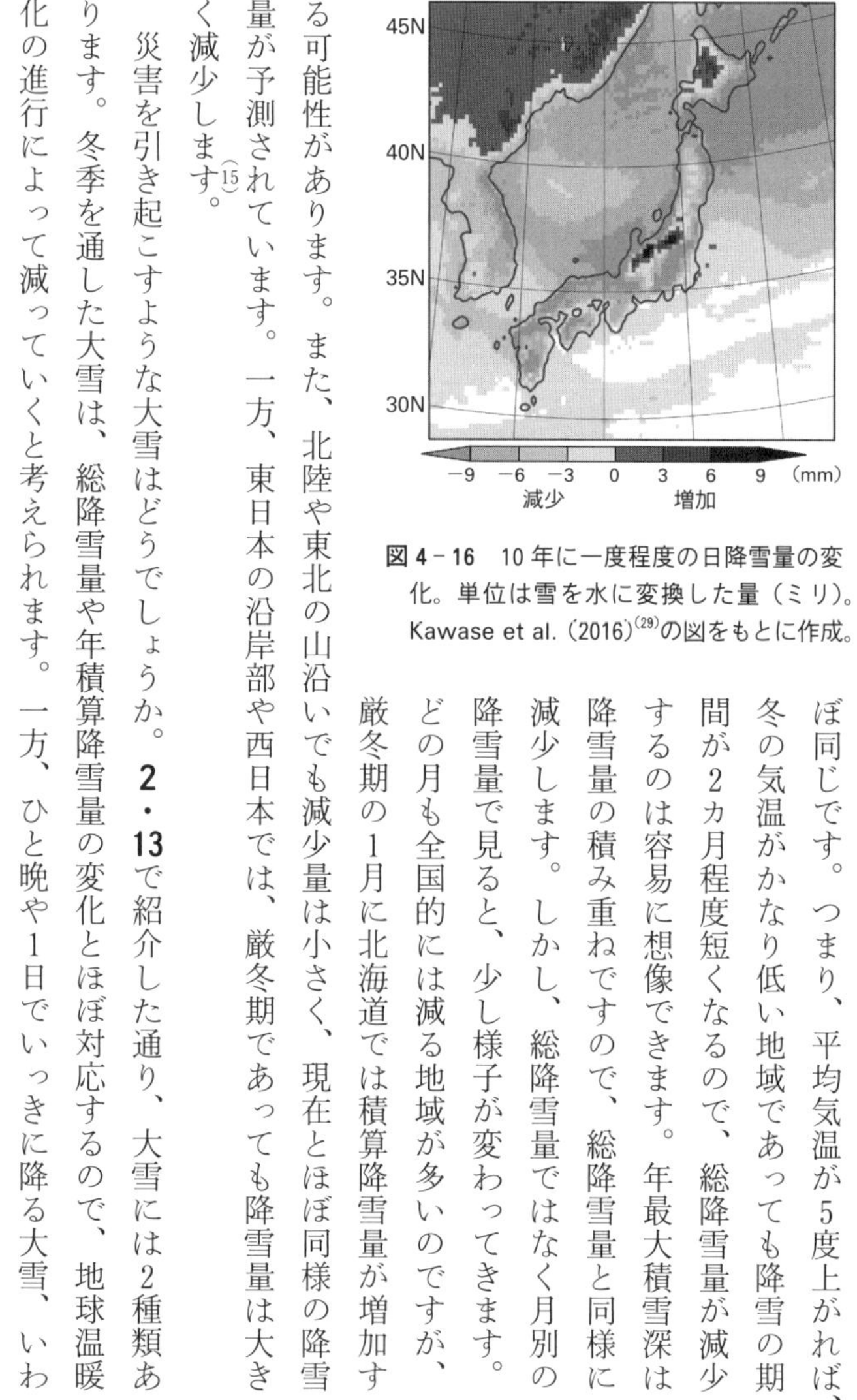

図4－16 10年に一度程度の日降雪量の変化。単位は雪を水に変換した量（ミリ）。Kawase et al. (2016)[29]の図をもとに作成。

ぼ同じです。つまり、平均気温が5度上がれば、冬の気温がかなり低い地域であっても降雪の期間が2カ月程度短くなるので、総降雪量が減少するのは容易に想像できます。年最大積雪深は降雪量の積み重ねですので、総降雪量と同様に減少します。しかし、総降雪量ではなく月別の降雪量で見ると、少し様子が変わってきます。どの月も全国的には減る地域が多いのですが、厳冬期の1月に北海道では積算降雪量が増加する可能性があります。また、北陸や東北の山沿いでも減少量は小さく、現在とほぼ同様の降雪量が予測されています。一方、東日本の沿岸部や西日本では、厳冬期であっても降雪量は大きく減少します[15]。

災害を引き起こすような大雪はどうでしょうか。**2・13**で紹介した通り、大雪には2種類あります。冬季を通した大雪は、総降雪量や年積算降雪量の変化とほぼ対応するので、地球温暖化の進行によって減っていくと考えられます。一方、ひと晩や1日でいっきに降る大雪、いわゆるドカ雪は地球温暖化の進行によって減ることはなく、むしろ増加する可能性が指摘されています[29]（**図4－16**）。

なぜ気温が上がるのにドカ雪が増えるのでしょうか？　地球温暖化による降雪の変化を理解する際には、考慮すべき点が三つあります。ひとつ目は、気温が高いほど大気中に含むことができる水蒸気量が増えること（これは**2・1**など、これまで何度もお話しした通りです）。ふたつ目は、地球温暖化が進行すると日本海の水温が上昇し、たくさんの水蒸気が日本海から大気に供給されるということ。このふたつは降水量（降雪量）が増加する方向に働きます。そして、三つ目は、たとえ水蒸気が増えたとしても、気温が0度を超えてしまうと雨に変わってしまうことです。総降雪量が減少するのは、三つ目の気温が0度を超えることが多くなるためです。

一方、現在、日本海側の内陸部や山沿いで強い雪が降るときは、気温がマイナス5度からマイナス10度であることがわかっています[30]。この地域で温暖化したときのことを考えてみましょう。温暖化によって日本海の水温が上昇し、多量の水蒸気が大気に供給されます。気温や日本海の海面水温が上昇するので、大気はたくさんの水蒸気を含むことができ、雪雲が発達します。内陸部の気温はというと、もともとマイナス5度以下であれば、たとえ5度上がったとしてもまだ0度を上回らないので、降ってくるのは雪のままです。その結果、これまでよりも多量の雪が降ることになります。逆に気温が高い沿岸部では、増えた水蒸気は雨として降り、今よりも多くの（といっても夏よりは少ないですが）雨が降るようになるのです。同様の考え方は、気温の低い北海道の内陸部にも当てはまります。北海道の内陸部は気温がかなり低いため、5度程度気温が上がっても厳冬期に雪が雨に変わることはほとんどありません。その結果、水蒸気量の増加の効果が勝り、北海道の内陸では厳冬期の降雪量が増加すると考えられます。

ところで、もし単純に気温や海面水温が上がることでドカ雪が増えるのであれば、現在でも冬より気温が高い晩秋や初春には内陸部や山沿いでドカ雪が降りそうな気がしませんか。でも、ドカ雪が起こるのはたいてい厳冬期です。この理由は、真冬のほうが大雪を降らせる条件が整うからです。冬季の日本では、大陸からの強い寒気の流入（強い冬型の気圧配置）と日本海の暖かい海面水温によって、大雪が降りやすい条件が揃います。また、ＪＰＣＺ（**2・13・2**）が形成されるとさらに降雪は強まります。11月や3月にも一時的に冬型の気圧配置となることはありますが、長続きすることはありません。また、ＪＰＣＺによる降雪が起こりやすいのも冬です。そのため、たとえたくさん水蒸気があったとしても、晩秋や初春にはドカ雪が起こりにくいのです。これに加え、海面水温の季節変化が大雪の発生しやすさに関係します。大気と海との温度差が大きいほど大気の状態が不安定になるため、大雪は発生しやすい傾向がありま す。海面水温は気温に遅れて下がるので、まだ海面水温が高い12月は、強い寒気が流れ込むと、大気との温度差が大きくなり大雪になる一方、海面水温が低い2月や3月は、強い寒気が流れ込んだとしても大気との温度差が小さくなり、大雪になりにくい傾向があります[30]。

4・11 人が気候変化を感じることはできるのか？

本章の最後に、私が考える地球温暖化に伴う気候変化のイメージを書いておきます。みなさん、小学生や中学生の頃を思い出してみてください（もし、小中学生や高校生の人が本書を読んでいたら、園児のときのことを想像してみてください）。学校の友達が服装や髪形を変えたりすると、変わったことは気づきますが、その友達かどうかがわからなくなるほどではないと思います。これが日々の天気の変化のイメージです。ただ、髪が長かった友達が突然、短くしたら、一応認識はできますが、大きな変化が起こったと感じるでしょう。これは異常気象や極端な豪雨・豪雪が起こったイメージです。さて、この友達と、高校、大学、社会人と一緒に過ごした場合、お互いに少しずつ変化をしながら成長していきますが、その変化を実感することは少ないと思います（私は感じませんでした）。ところが、もし小学校を卒業して以来、ずっと会っていない友達に、30歳や40歳のときに同窓会で再会したら、大きく変わったと感じる人が多いはずです。さらに、小学校の同級生との再会が60歳、70歳になれば、もはや別人に感じるでしょう。ただ、ここで大事なのが、もし同じ人と定期的に会っていたら、たとえ70歳になってもその変化に気づきにくいということです。人は常にゆっくりと変化（成長）していますが、毎日見ていると短期的な変化（髪型・服装など）が大きすぎて、長期的な変化には気づきにくいものです。この感覚が地球温暖化に伴う気候変化に近いと考えています。

天気は毎日変わっています。晴れる日もあれば、雨の日もあります。また、日本では夏は暑く、冬は寒いという四季も明瞭です。これらは地球温暖化による気候変化に比べると、はるかに大きな変化です。つまり、日々の、あるいは毎年の天気の変化を体験している私たちが、長期的な変化を肌で感じることは難しく、比較できるとしてもせいぜい1年前か2年前の同じ季節の天候くらいでしょう（去年の夏は暑かった、去年の冬は雪が多かったなど）。これは気候変化ではなくほぼ自然の変動です。

なお、これはあくまで人の感覚で物事を判断する場合です。実際の科学では、人の感覚ではなく、観測記録に基づいて統計的に過去の気候変化を検出し、数値シミュレーションをはじめとする最新の科学的知見を踏まえてその変化を分析します。気温上昇が加速する今、科学の進展や計算機の発達に伴い、工業化以降の気温変化だけでなく、実際に発生した豪雨や猛暑に対しても、地球温暖化の影響を評価できるようになってきました。次章でくわしく見ていきましょう。

【コラム⑤】 気象予報士と地球温暖化

2021年5月から、NHK連続テレビ小説「おかえりモネ」の放送が始まりました。「おかえりモネ」は、主人公のモネ（永浦百音）が気象キャスター（気象予報士）の言葉に感銘を受け、気象予報士資格の取得をめざす物語です。その後、気象予報士資格を取得し、民間の気象予報会社で働き始め、2019年の大型台風の直撃を目の当たりにし……と続いていくようです（NHKのホームページより）。私自身が気象予報士の資格を持っていることもあり、楽しく視聴しています。ドラマということで、さすがに現実の天気を忠実に再現しているわけではありませんが、NHKの気象キャスター、斉田季実治氏が気象考証していることもあり、専門的な用語がたくさん出てとても興味深いです。

気象予報士は国家資格のひとつです。気象予報士試験に合格したのち、気象庁長官の登録を受けることで取得できます。実際に気象予報の業務に就けるかどうかは、民間気象会社や気象キャスターの事務所などに所属できるかどうかによりますが、少なくとも試験に合格できるほどの知識があれば、日々の天気予報の見方や雲の見方が、一般の人と大きく変わることは間違いありません。なお、気象庁に入るためには気象予報士の資格は不要です。国家公務員採用試験（一般職あるいは総合職）、あるいは気象大学校の学生採用試験に合格することが入庁の条件となります。

現在、気象予報士試験にも地球温暖化に関する問題は出題されており、気象予報士資格を取るうえでも必要な知識となっています。私が受験した2001年頃は、温室効果の話はありましたが、まだ地球温暖化に関する問題はなかったと思います。この20年間でいかに地球温暖化への関心が高まったのかがわかります。地球温暖化以外でも、数値予報の技術や気象庁から出される情報など、この20年で大きく進展してきました。

気象予報士が地球温暖化や豪雨の研究をする必要はありません。ただ、近年発生した豪雨や猛暑が地球温暖化と関連していることを示す研究成果が出てきており（第5章）、今後、地球温暖化は気象予報士にとっても重要なテーマだと思われます。実際、豪雨や猛暑が発生した際、気象予報士である気象キャスターが地球温暖化との関連を聞かれるシーンをよく目にします。

気象予報士試験は年2回、夏と冬に行われています。詳細は気象庁（https://www.jma.go.jp/jma/kishou/minkan/yohoushi.html）または気象業務支援センター（http://www.jmbsc.or.jp/jp/examination/examination.html）のホームページから確認できますので、興味のある方は勉強して受験してみてください。本書は気象予報士試験用に書いたものではありませんが、少しでも知識の上積みになれば幸いです。

第5章

近年の豪雨は地球温暖化のせいなのか？

最近の異常気象は地球温暖化が原因である、将来、地球温暖化が進むと異常気象が頻発するようになるという話を耳にします。本当に地球温暖化によって異常気象が頻発するようになるのか、最後の第5章では地球温暖化と異常気象について見ていきましょう。

5・1 異常気象とは

本書ですでに異常気象の話が何度か出ていますが、ここでもう一度整理しておきましょう。気象庁は、「原則として、気温や降水量などがある場所（地域）・ある時期（週、月、季節等）において30年間に1回以下の出現率で発生する現象」を異常気象と定義しています。ここで大事なのは、「30年間に1回以下の出現率で発生する」という点です。異常気象は平年から大きく離れた状態（高温、低温、多雨、少雨）であり、異常気象が起こること自体は〝正常〟です。１００年前にも異常気象はありましたし、１００年後も異常気象は起こります。

異常気象を引き起こす要因はさまざまですが、多くの場合、**偏西風**（中高緯度の上空を吹く強い西風）の蛇行が関与しています。偏西風は低緯度と高緯度の気温差によって駆動されます。北半球では偏西風の北側には寒気、南側には暖気が存在し、気温差が大きくなるほど、上空の偏西風が強く吹きます（専門的には**温度風の関係**と呼ばれます）。偏西風が蛇行せずに西から東に吹いているときは、寒気の南下や暖気の北上は起こりません。偏西風が蛇行すると、南に蛇行した場所（専門用語で**トラフ**と言います）の東側では南寄りの風になり暖気が北上、西側では北寄りの風になり寒気が南下します（**図5－1**）。地上では温帯低気圧が発生、発達することが多く、冬季は温帯低気圧が通過すると、冬型の気圧配置が強まり、日本付近に寒気が流れ込みます。一方、春季から夏季にかけて、地上で温帯低気圧が発生せずに、寒気を持ったトラフあるいは上層の低気圧（**寒冷渦**）として通過する場合があります。このようなときは、大気の状態が非常に不安定となり（**2・3**）、

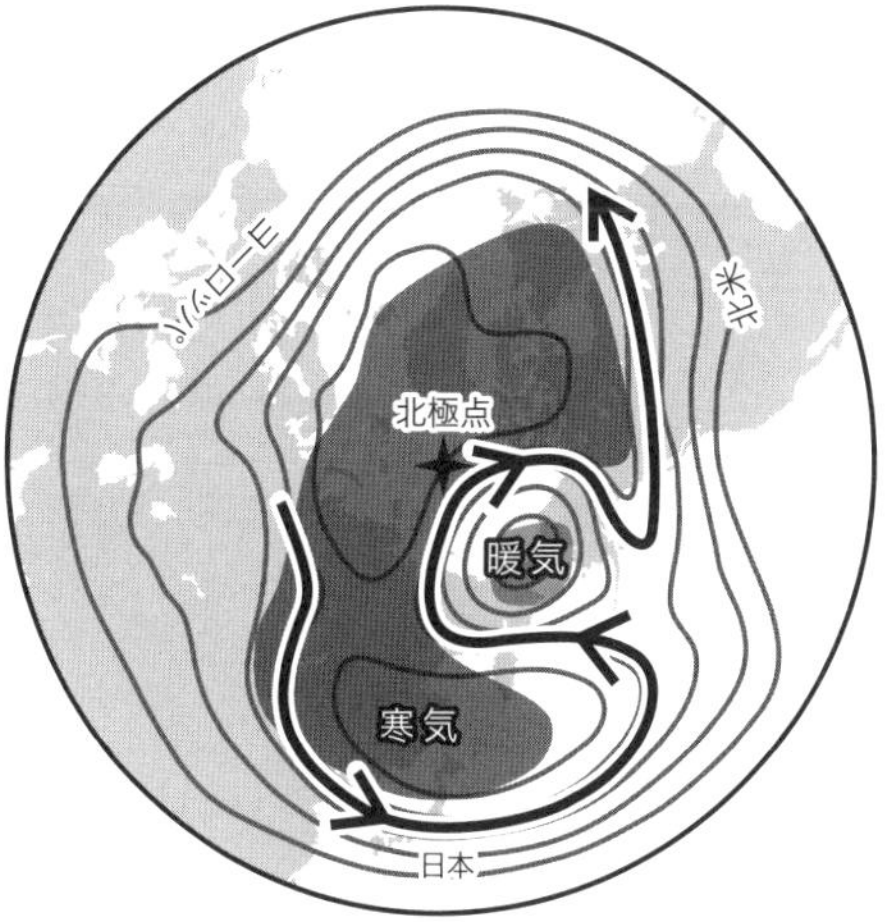

図5－1　日本が寒波に襲われたときの偏西風の様子。上空5000メートル付近、2011年1月10日から17日の平均。山崎哲氏（JAMSTEC）提供の図をもとに作成。

激しい雷雨や短時間の大雨、ひょうやあられ、ときには竜巻が発生することがあります。2012年5月6日には、寒冷渦の通過に伴い、栃木県から茨城県にかけて複数の竜巻ができ、つくば市では国内最大級の竜巻（藤田スケールでF3）が発生しました。

偏西風の蛇行はさまざまな極端な大気現象をもたらす可能性がありますが、蛇行した場所が1日か2日で通過すれば、異常気象にはなりません。問題は蛇行が停滞したときです。この場合、同じような場所に暖気あるいは寒気が流れ込み続けることになり、平年よりもかなり暑いあるいは寒い期間が持続します。持続する大雨も同様です。実際の大雨は第1章や第2章で触れた梅雨前線や線状降水帯などが原因で発生します。偏西風の蛇行や太平洋高気圧の停滞などで、上空の寒気や下層の暖かく湿った空気が日本に流れ込む状況が続くと、梅雨前線周辺の積乱雲が発達しやすい環境や、線状降水帯がつくられやすい環境が持続してしまうのです。令和2年7月豪雨はまさにそのような状況でした。

偏西風の蛇行を長期間維持・停滞させる要因としては、中高緯度で発生するブロッキング高気圧や、大規模な大気の波動現象などがあります。本書ではそれぞれの詳細は省略しますが、ヨーロッパから伝わり夏の猛暑や豪雨と関連することのあるシルクロードパターン、熱帯太平洋からやってくるPJ（Pacific-Japan）パターン、冬の日本の寒波と関連するEU（Eurasian）パターンやWP（Western Pacific）パターンなどがあります。いずれも最終的には偏西風の蛇行という形で日本に影響を及ぼします。それぞれをくわしく知りたい方は、私も分担執筆した『異常気象と気候変動についてわかっていることといないこと』[1]やその他の専門書をご参照ください。

ある地域で起こった大気現象が、遠くの大気に影響を与えることを**テレコネクション**と言います。インド洋やインドネシア、フィリピンといった海洋大陸の積乱雲の発達具合(**積雲対流活動**)も、日本に異常気象をもたらす要因のひとつとなります。積雲対流活動が活発な場所では上昇気流が強く、その付近の大気を刺激します。その刺激によって、遠く離れた日本周辺で高気圧が強まったり、偏西風の蛇行にも寄与します。

また、太平洋赤道域の海面水温が変化することで発生するエルニーニョ・ラニーニャ現象は、持続期間が1年程度と長く、世界規模で異常気象を引き起こします。日付変更線付近から南米沿岸付近にかけての海面水温が平年より高い状態がエルニーニョ現象、低い状態がラニーニャ現象です。

気象庁では異常気象が発生すると**異常気象分析検討会**を開催し、異常気象が起こった要因を分析しています。異常気象分析検討会の見解は、気象庁から報道発表され、気象庁のホームページにまとめられています[2]。たとえば、平成30年7月豪雨および夏の猛暑の要因が**図5－2**、令和2／3年冬の前半の全国的な低温の要因が**図5－3**、後半の全国的な高温の要因が**図5－**

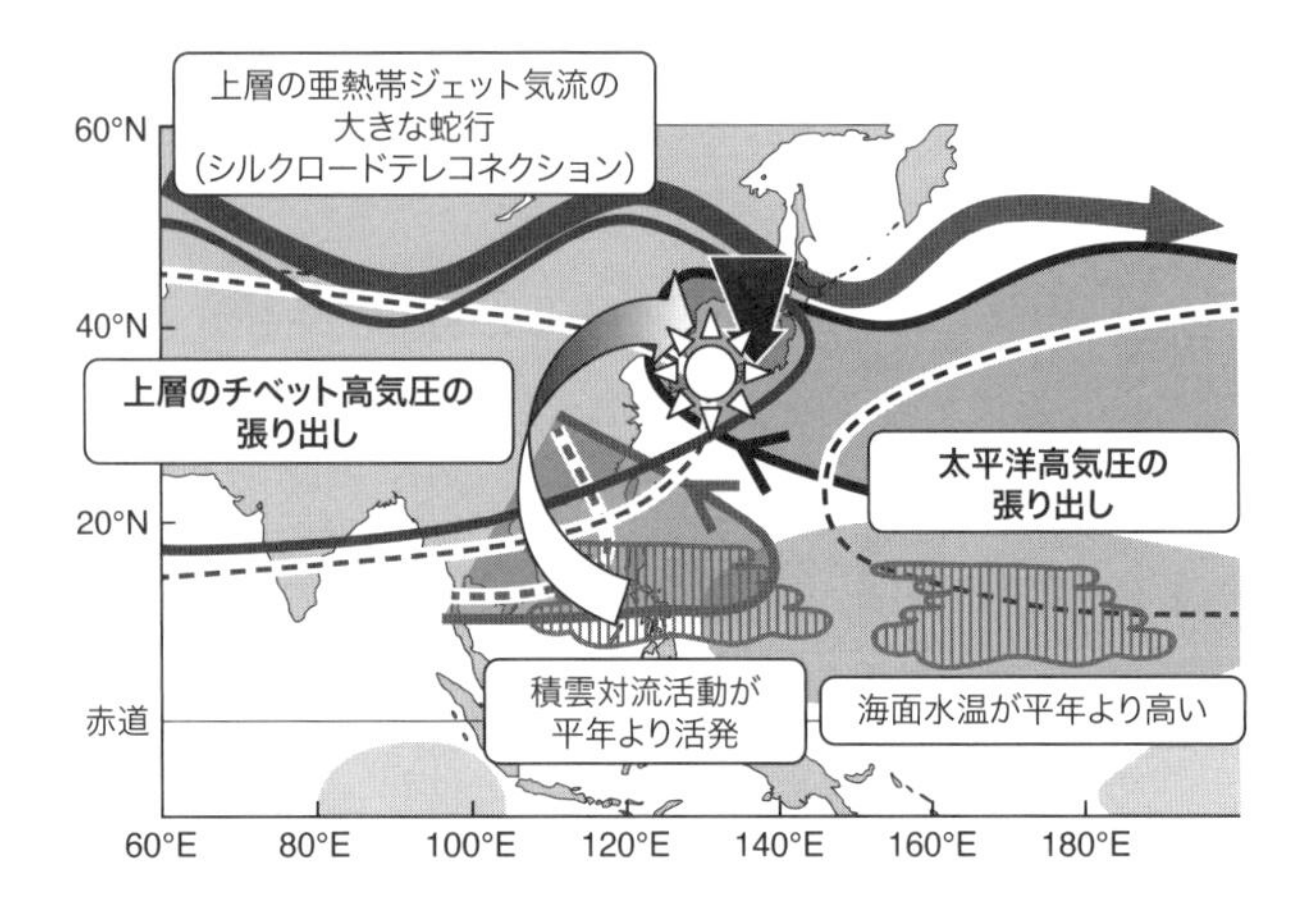

図 5－2　2018 年 7 月中旬以降の記録的な高温をもたらした大規模な大気の流れ。気象庁報道発表資料[(3)]の図をもとに作成。破線は平年の位置。これらに加え、地球温暖化やこの年の北半球全体の気温の影響なども指摘されている。

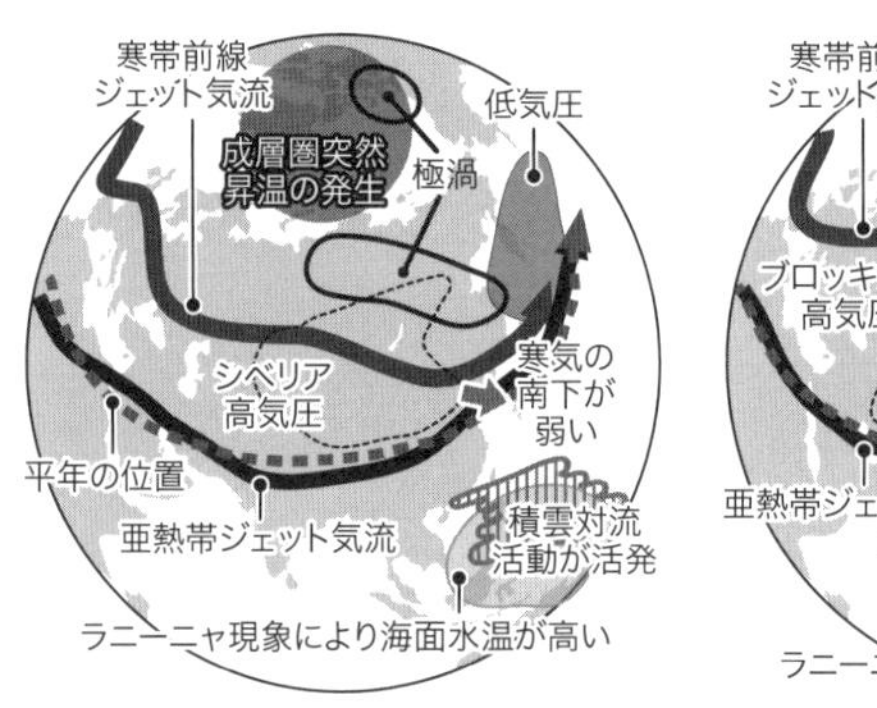

図 5－4　全国的な高温が発生した 2020/2021 年冬後半の大気の流れの模式図。気象庁異常気象分析検討会の資料[(4)]をもとに作成。

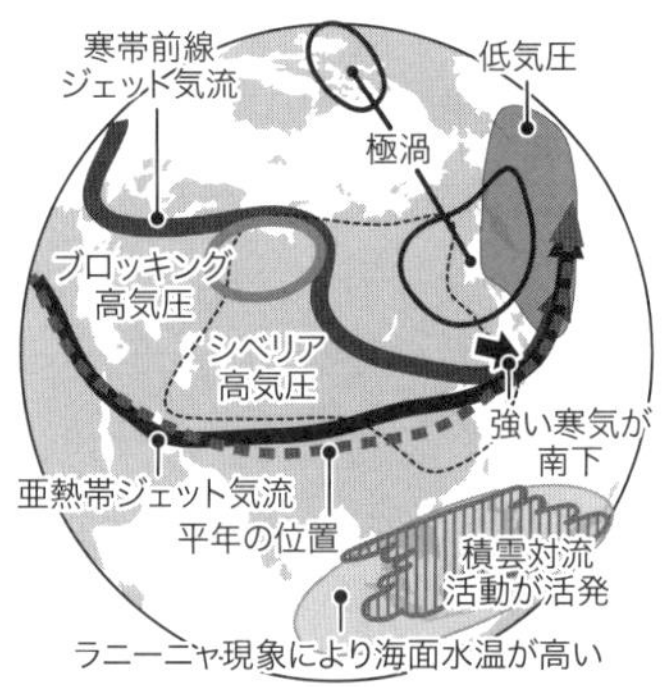

図 5－3　全国的な低温と日本海側の大雪が発生した 2020/2021 年冬前半の大気の流れの模式図。気象庁異常気象分析検討会の資料[(4)]をもとに作成。

4です。これらの図を見ると、偏西風の蛇行、海洋大陸（フィリピンやインドネシアなどの諸島とその周辺の海洋を含めた地域）の積雲対流活動、ラニーニャ現象などが異常気象の鍵になっていることがわかります。

ところで、4・2の最初に地球温暖化と異常気象は別物と書きましたが、近年発生した異常高温や異常多雨には、地球温暖化が影響している可能性があります。異常気象は気候が変わらないことを前提として、30年に一回以下の頻度で起こる稀な現象と定義されています。しかし、地球温暖化の進行に伴い、想定よりも短い期間で気候が変わってきています。そこで、実際に発生した異常気象にどの程度地球温暖化が寄与したかを調べる研究が、2010年以降、世界中で行われてきました。日本で発生した猛暑や豪雨についても評価されているので、次節からくわしく見ていきましょう。

5・2 イベント・アトリビューション

第1章で紹介したような大規模な災害を伴う豪雨や記録的な猛暑、台風、そして時には大雪が発生すると、「これは温暖化のせいですか？」と聞かれることが多々あります。そんなとき、まず言えることは、豪雨や豪雪、猛暑が発生する主要因は、地球の大気がもともと持っている自然の変動であるということです（自然のゆらぎとも言います）。**4・1**でも書きましたが、豪雨の場合は、梅雨前線や台風、線状降水帯などが原因で発生し、猛暑の場合は、フェーン現象が起こるときや、上層と下層ともに高気圧に覆われ、上層から下層まで下降気流となっているときに発生します。いずれも地球温暖化とは関係なく、もともと自然に備わっている現象です。

では、地球温暖化は何も影響を与えていないのでしょうか？　そんなことはありません。地球温暖化は確かに近年発生した猛暑や豪雨に影響を与えています、と言えるような研究成果が最近出てきました。実際に発生した異常気象に対して地球温暖化などの寄与を分析する手法が、**イベント・アトリビューション**（Event Attribution：ＥＡ）です。日本語では「異常気象の要因分析」と言います。イベント・アトリビューションは、実際に発生した猛暑や豪雨の発生確率が、これまでの地球温暖化によってどの程度変化したのかを調べる試みです。本書で何度もお話ししてきた通り、個々の事象（イベント）は自然の変動の中で発生するので、観測データを分析するだけでは地球温暖化の寄与を示すのは困難です。

この困難を乗り越えるために、気候モデルを駆使して特定のイベントの発生確率（発生しやすさ）を見積もることを可能にした点が、イベント・アトリビューションの画期的なところです。この取り組みは２０００年代前半に提案され、２０１０年以降は、日本で発生したさまざまた異常気象、異常天候に対して適用されてきました。

イベント・アトリビューションが行われる以前からも、地球温暖化が近年の観測された気温上昇や降水量の増加に及ぼす影響についての評価は行われていて、検出と帰属（Detection and Attribution：DA）と呼ばれています。イベント・アトリビューションがDAと異なるのは、ある特定の年に特定の地域で発生した異常天候や極端現象に関して、地球温暖化の寄与を評価することです。イベント・アトリビューションの解説は気象学会の機関紙「天気」[5]にくわしく書かれています。ここでは、実際に行われた日本の猛暑と豪雨に対するイベント・アトリビューションの例を見ていきましょう。

まずは、2018年の猛暑に対するイベント・アトリビューションです。2018年7月、日本では記録的な猛暑となり、埼玉県熊谷市で当時の日本の最高気温を更新する41・1度を観測しました。この記録的な猛暑の直接の要因は、もともと地球の気候システムに備わっている気圧パターンです。気象庁の異常気象分析検討会の見解では、太平洋高気圧が平年より西に張り出して日本付近を覆ったこと、また、上空の高いところに存在するチベット高気圧と呼ばれる上層の高気圧に覆われ、下層から上層まで下降気流に覆われていたことなどが要因であると指摘されています（**図5-2**）。ほかにも、地球温暖化に伴う気温の長期的な上昇傾向も要因のひとつに挙げていました。ただ、2018年7月に発生した猛暑の発生確率が、地球温暖化によってどの程度変化していたのかは、異常気象分析検討会では示されませんでした。このような猛暑の発生確率がもともとどの程度であり、地球温暖化によってどの程度影響を受けたのかを評価するためには、**3・3**と**4・4**、**4・5**でお話しした数値予報モデル（気候モデル）の力を借りる必要があります。最初にイメージを摑んでいただくために、わかりやすい数字を用いて計算方法を紹介しましょう。

まず、気候モデルを用いて最近の気候（たとえば60年間）を計算し、２０１８年の熊谷の猛暑に匹敵するような猛暑の発生確率を、統計的手法を用いて求めます。ここでは、最近数十年の気候状態で、50年に一度程度の猛暑だったとしましょう。次に、気候モデルに実際の２０１８年７月と似たような状況で大気の流れを計算します（具体的には世界の海面水温の情報だけを与えて計算します）。さらに、ほんの少しだけ海面水温や初期の大気の状態を変えて似たような計算をします。これを１００回計算すると、２０１８年７月と似たような状態で１００パターンの計算を行うことになります。これを**アンサンブル計算**と呼びます（**3・3・3**のアンサンブル予報と同じ手法です）。イベント・アトリビューションは、１００回の計算の中で、何回、実際の２０１８年７月と同等あるいはそれ以上の猛暑が発生したのかを数えます。たとえば、10回発生したとすると、１００分の10で10分の１。おおよそ10年に一度起こる猛暑だったと言えます。もともと近年の気候状態では50年に一度の猛暑でしたので、２０１８年７月は最近数十年の中でも猛暑が5倍起こりやすい年だったと言えます。

ここまでの話では、地球温暖化の影響はまだ評価しておらず、通常の異常気象としての猛暑が２０１８年7月は起こりやすかったという説明です。話はここからです。今度は工業化以降の海面水温の上昇と人為的な温室効果ガスの排出がなかったと仮定して、２０１８年7月と似たような海面水温の分布（ただし、全体的に海面水温が低い）を気候モデルに与えて、ふたたび１００回の計算をします。気候モデル（ここでは大気の流れのみを計算する大気モデル）では、海面水温が変わる（下がる）と世界全体の気温も連動して変わり（下がり）ます。もし、実際の２０１８年7月に匹敵する猛暑が1回しか発生しなかったら、１００分の1で、およそ１００年に一度の猛暑だったことになります。この値と２０１８年7月の実際の気候で計算したときの頻度（10年に一度）を比較すると、気温および海面水温の上昇によって、発生確率が10倍になっていたことがわかります。ちなみに、もし出現数が0だったら、地球温暖化に伴う過去の気温上昇がなければ、２０１８年7月のような猛暑はほぼ起こりえなかったということができます。

さて、ここまではわかりやすい数字を用いて説明しましたが、実際はどうだったのでしょうか？　気象庁気象研究所の今田由紀子主任研究官らの研究チームは、実際に全球気候モデル（**4・4**）を用いた計算を行い、２０１８年7月の猛暑に対する地球温暖化の寄与を評価しま

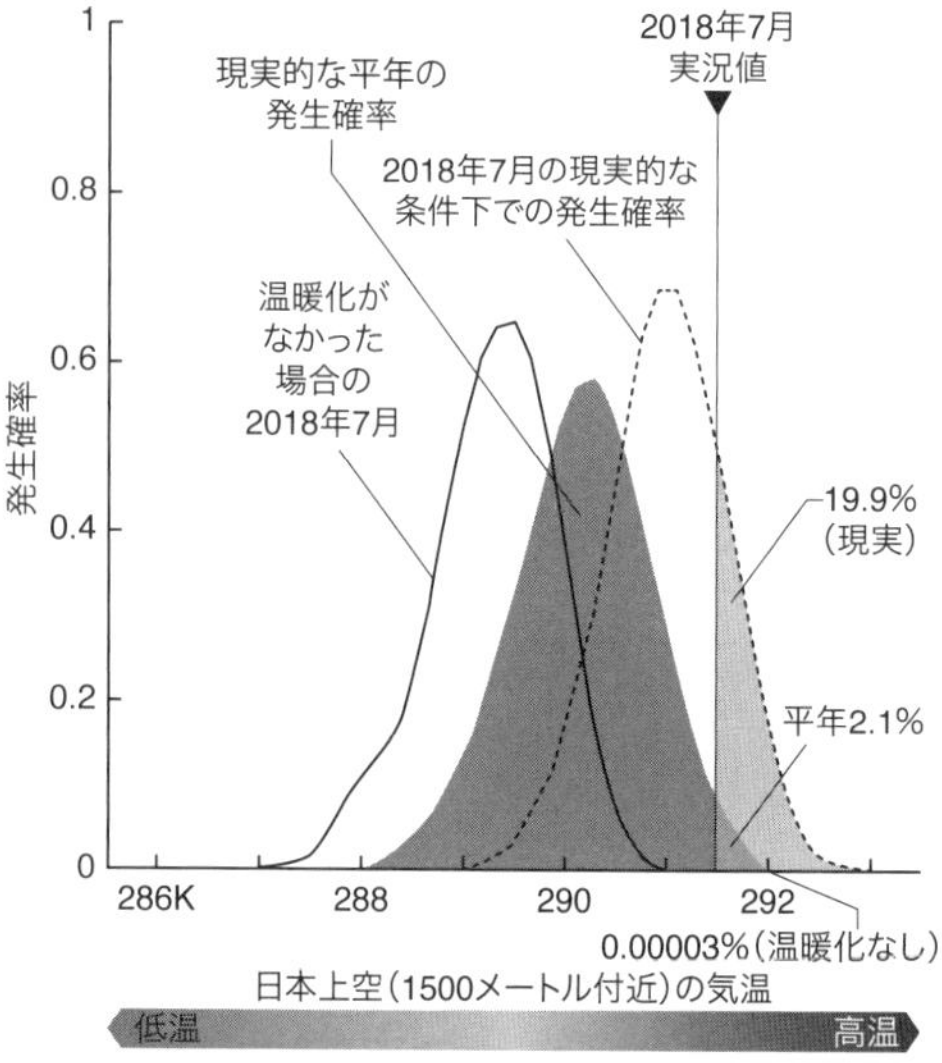

した[6]（図5－5）。今田氏らの計算によると、今回のような猛暑の発生確率は、地球温暖化の影響を受けている（工業化以降の人為起源による温室効果ガスの排出がある）2018年7月の気候においては約20パーセントであったのに対し、地球温暖化の影響がなかったと仮定した場合（工業化以降の人為起源による温室効果ガスの排出がないと仮定した場合）においては、ほぼ0パーセントであったと推定されました。

図5－5　気候条件を変えて見積もった2018年7月の猛暑の発生確率。横軸は絶対温度（K）。0度が273.15 K。「日本の気候変動2020」[7]の図をもとに作成。

すでにお話ししたように、2018年7月の猛暑は、日本を覆う2段重ねの高気圧（上空のチベット高気圧と下層の太平洋高気圧）の影響を受けていました（図5－4）。今田氏らは、100回の計算の中で2段重ね高気圧が出現したケースと出現しないケースに分けて、猛暑の出現確率を計算したところ、2段重ね高気圧が出現していないケースでは、猛暑の発生確率は

12・2パーセントにとどまりました。つまり、2018年の猛暑は、自然の変動である2段重ね高気圧と人為起源の温室効果ガス濃度の増加による地球温暖化の影響によって、出現確率が大きく増加したと言えます。

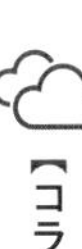

【コラム⑥】 プラス1度はたいしたことない？

人為起源の温室効果ガスの増加によって、工業化以降2020年までに、およそ1度気温が上昇したとされています。「たった1度?」と思われるかもしれません。朝と夜の気温差は1度どころか10度以上ありますし、今日と明日の最高気温の違いも1度以上あります。夏と冬とでは30度近く気温が変わります。たしかに、1度はわずかな違いです。では、本当にプラス1度はたいしたことがない値なのでしょうか。そんなことはありません。平均気温が1度上昇することは、かなりの影響があります。

図②に1900年から2020年までの日本の夏の平均気温の変化を描きました。地球温暖化の影響で、近年にかけて徐々に上がってきているのですが、ここで見てほしいのは、各年の値です。観測開始から2020年までの間でもっとも気温が高かったのは2010年の夏です。この年は猛暑に見舞われ、厚生労働省の統計によると、熱中症による死亡者数は1731人に上りました。一方、この年の夏季平均気温は、平年値に比べて1・08度高い値でした。記録的な猛暑になったとし

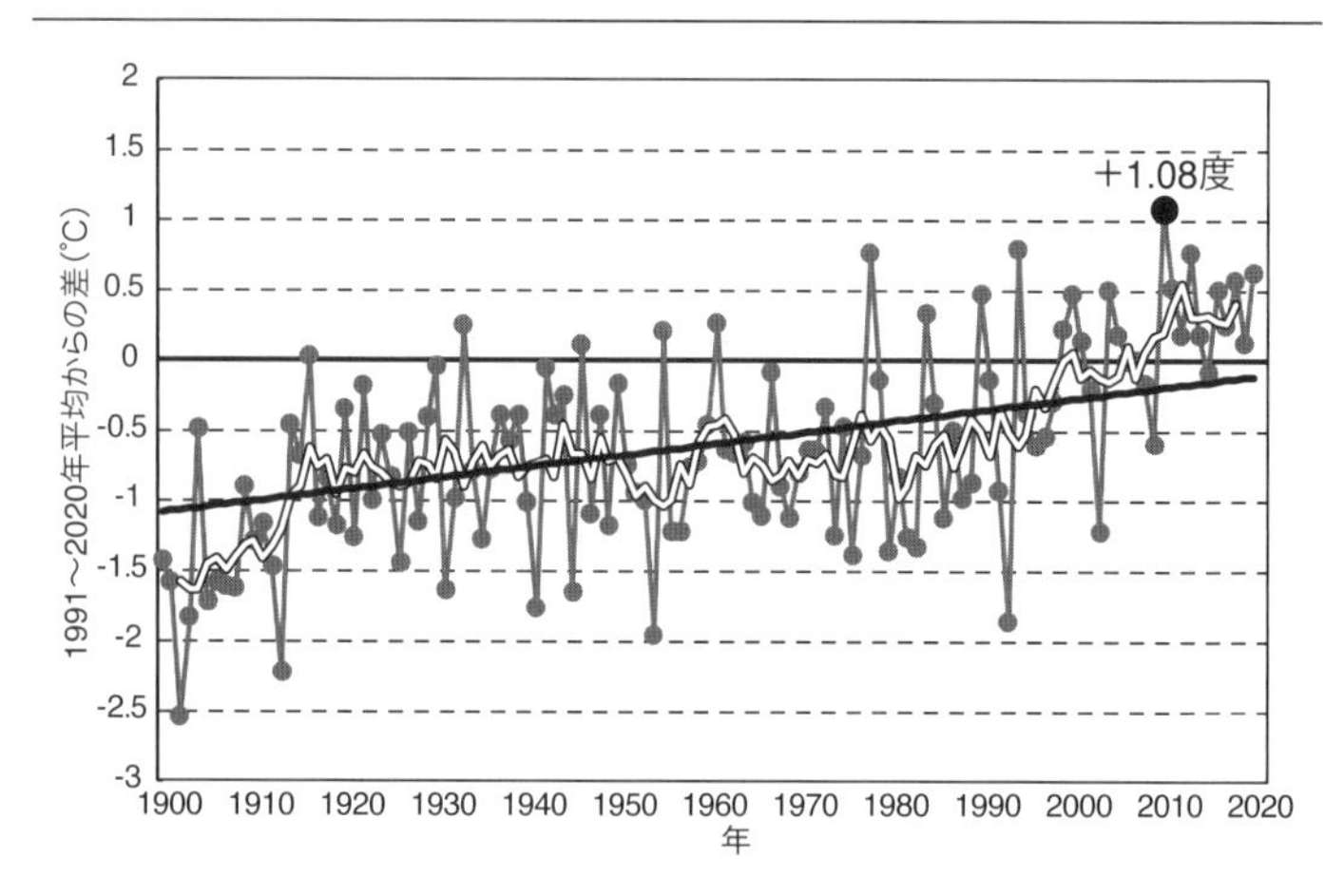

図② 日本の夏（6月から8月）平均気温偏差（1991～2020年平均からの差）。グレーの折れ線グラフは年々の値、白抜き線は5年移動平均、太直線は長期変化傾向（この期間の平均的な変化傾向）を示す。気象庁ホームページのデータをもとに作成。

ても、平均気温で見た場合はわずか1度程度高いだけなのです。また、本文中で述べた2018年は、7月後半を中心に記録的な猛暑となりました。熱中症で1581人の方が亡くなっています。ただ、この年の夏を平均すると、平年より0・57度高い値にとどまっていました。ここからも平均気温が1度上がることがいかに大きな影響を持つのかがわかると思います。国内の最高気温は2021年6月現在、41・1度ですが、将来、もしさらに平均気温が1度、2度と上がっていってしまうと、単純計算で国内最高気温が42度、43度になってしまうので、想像しただけでも恐ろしいです。

また、本編で何度も触れている通り、大気中に含むことのできる水蒸気の量（飽和水蒸気圧）は気温に依存します。また、気温が高い夏は低い冬に比べて、1度上昇した際の水蒸気の増加量は大きくなり、夏の大雨の強化にもつながります。本章のテーマでもあるイベント・アトリビューションは、まさにこの1度の気温上昇が近年の異常気象に与えた影響を評価するものです。

5・3 豪雨のイベント・アトリビューション〜確率的評価と量的評価〜

5・2では日本の猛暑のイベント・アトリビューションを紹介しました。猛暑はある程度広い範囲で数日続くことが多く、多少メッシュが粗い気候モデルでも地球温暖化の寄与を評価することができます。また、地球温暖化はその名の通り、地上付近の気温が上がる現象ですので、直感的にも地球温暖化が猛暑に寄与することは想像できます。一方で、評価が難しいのは豪雨に対するイベント・アトリビューションです。本節では豪雨のイベント・アトリビューションを見ていきましょう。

5・3・1 地球温暖化が豪雨の発生確率に及ぼす影響を評価する

日本で発生する豪雨は、地形の影響を強く受けます。つまり、少なくとも日本の地形をある程度表現できる分解能の気候モデルを用いて、イベント・アトリビューションを行う必要があ

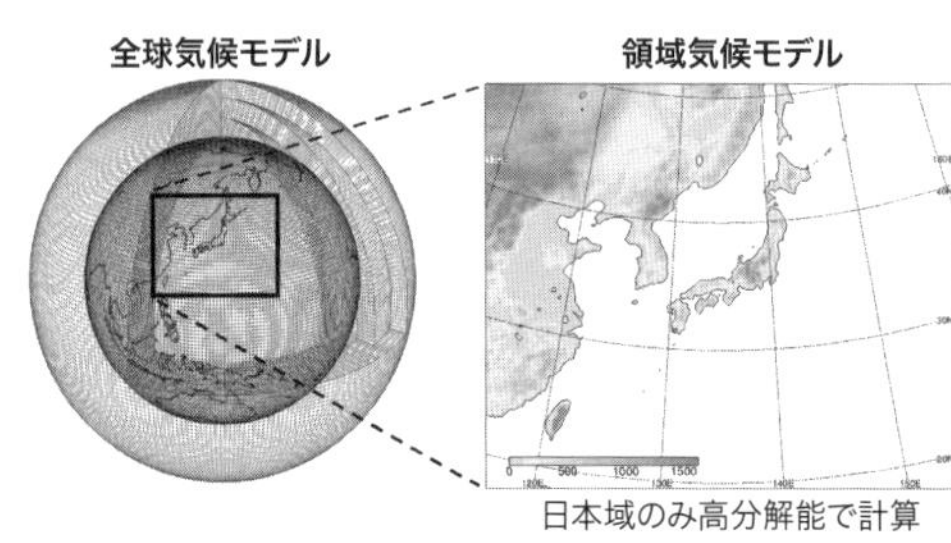

図5－6　「地球温暖化対策に資するアンサンブル気候予測データベース」において実施された力学的ダウンスケーリングの模式図。データベースのホームページ[8]の図をもとに作成。

ります。**5・2**で今田氏らが研究に用いた全球気候モデルは60キロメートルメッシュなので、中部山岳などの日本の大規模な山は表現できますが、九州山地や四国山地、中国山地などの表現は不十分です。また、気温上昇に伴って、たとえ水蒸気の量が増えたとしても、それが実際に降水量の増加につながるかどうかはわかりません（**4・7**、**4・8**）。降水量は、地球温暖化に伴う水蒸気の量だけでなく、大気の流れの変化にも影響を受けます。そのため、降水量は気温に比べて地球温暖化の影響が検出されにくいと言えます。

　そこで今田氏らは、60キロメートルメッシュの全球気候モデルを用いて世界全体の計算を行ったあと、その計算結果をもとに、日本域のみを対象とした20キロメートルメッシュの領域気候モデルを用いて再度計算を実施することで（力学的ダウンスケーリング、**図5－6**）、平成29年7月九州北部豪雨（**1・5**）と平成30年7月豪雨（**1・4**）のイベント・アトリビューションを行いました。[9] なお、今田氏らが行った計算は、**4・8**で紹介した「地球温暖化対策に資するアンサンブル気候予測

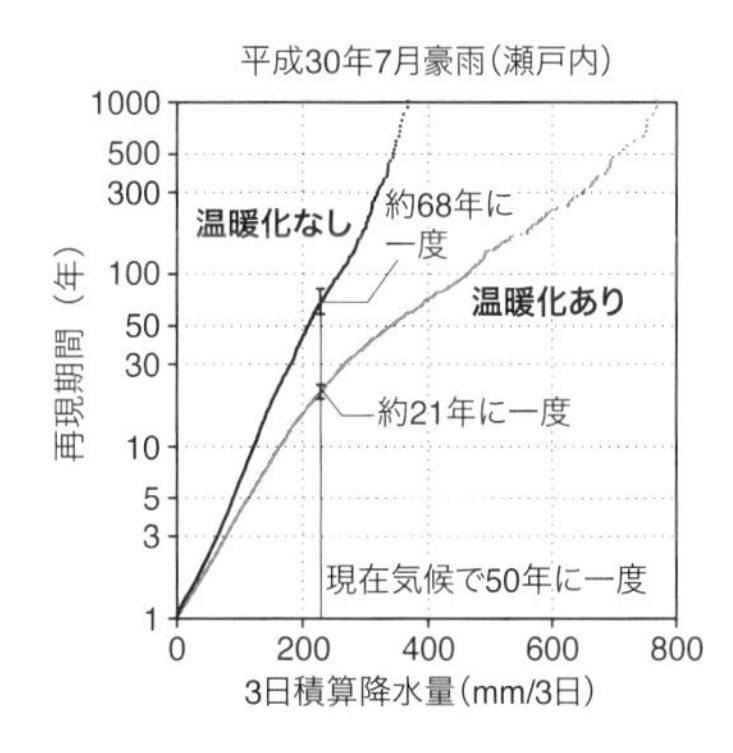

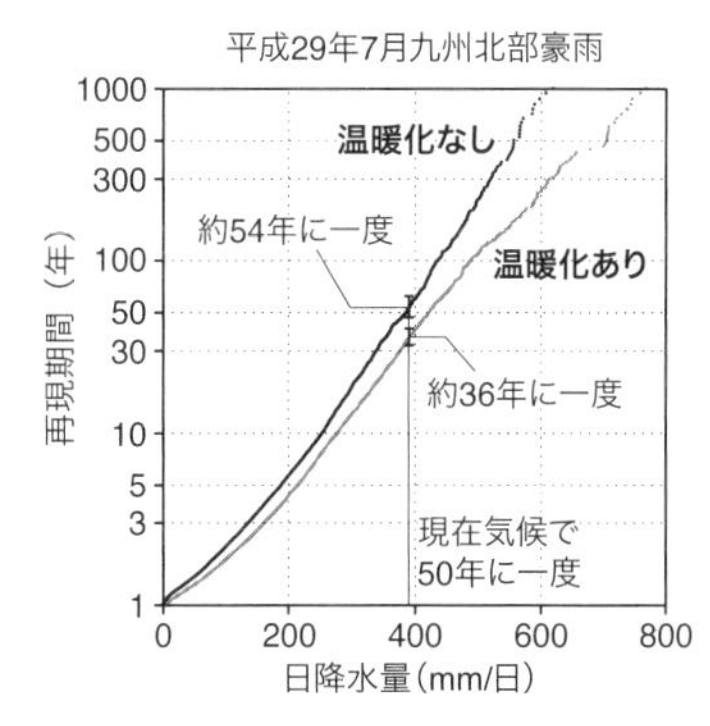

図5-7　平成30年7月豪雨（瀬戸内地域）と平成29年7月九州北部豪雨に相当する時期および地域における降水量の再現期間（X年に一度）。これまでの地球温暖化があった場合となかったと仮定した場合。気象研究所報道発表[10]の図をもとに作成。

データベース」の拡張計算に当たります。今田氏らの分析によると、平成29年7月九州北部豪雨のような豪雨（ここでは、現在の気候で50年に一度相当の大雨）の発生確率は、工業化以降の地球温暖化の影響を受けて1・5倍に増加、平成30年7月豪雨の、とくに瀬戸内地域での豪雨については、3・3倍になったと推定されました（**図5-7**）。また同時に、通常の年の7月に50年に一度で起こるような豪雨が、これらの年の7月には起こりやすい状況にあったことも指摘されています（平成29年7月九州北部豪雨は約36年に一度、平成30年7月豪雨は約21年に一度の頻度）。

ただ、じつは20キロメートルメッシュの領域気候モデルでは、第2章で紹介した積乱雲群や線状降水帯などを再現することはできません。ここで行われた豪雨のイベント・アトリビューションは、地形や梅雨前線に伴う上昇気流によって励起される大雨を評価したものです。線状降水帯を表現するためには、さらに高分解能の5キロメートルや2キロメートル、1キロメートルメッシュのモデルを用いて計算する必要があり〔気象庁の数値予報に用いられるメソモデルや局地モデル相当（**3・3・2**）〕、イベント・アトリビューションも同等のメッシュの領域気候モデルを用いて行う必要が出てきます。本書を執筆時点ではまだ、線状降水帯の発生頻度が地球温暖化によって増えたのか減ったのかを評価した研究はありませんが、近々、線状降水帯の出現頻度と地球温暖化の関係も明らかになってくるでしょう。

5・3・2　豪雨の量に及ぼす影響を評価する

ここまで説明したイベント・アトリビューションは、実際に発生した猛暑や豪雨と同程度の現象の発生確率が、地球温暖化によってどの程度変わったのか（発生しやすくなったのか、しにくくなったのか）を評価する手法でした。では、実際に豪雨や猛暑が発生した際、地球温暖化により、気温や降水量にどのくらいの〝上乗せ〟があったのでしょうか？　猛暑については、実際の気温上昇と直結するので、比較的考えやすいと思います。一方、豪雨については、単純に気温が上がれば降水量が増えるというものではありません。気温の上昇は大気中に含むことのできる水蒸気の量を増加させ（クラウジウス－クラペイロンの関係）、理論的に1度あたり

7パーセント程度水蒸気量が増加することが知られています（**2・1**）。近年発生した豪雨は、水蒸気の増加率と同じように1度上昇あたり7パーセント増加したのか、あるいはそれより多かったのか少なかったのかが気になるところです。このような評価方法は、**5・3・1**の発生確率の変化を調べる手法と対比させて、**量的評価**と呼ばれることもあります。ここでは、平成30年7月豪雨（**1・4**）と令和元年台風第19号に伴って発生した大雨（**1・3**）に対する取り組みを紹介しましょう[11][12]。なお、ここで挙げた数字は参照した研究論文に基づいています。

平成30年7月豪雨は確率的な評価によって、その発生確率は地球温暖化に伴い瀬戸内地域で3・3倍になったと評価されました（**5・3・1**）。では、量的にはどうでしょうか。量的に評価を行う場合、発生した豪雨イベントをなるべく実際と近い形で再現することが必要になります。そこで、量的評価においては、気象庁の天気予報で用いられるメソモデル（**3・3・2**）と同等のメッシュ（5キロメートル）で計算を行い、実際の大気の流れも豪雨発生時と似た形で計算します。評価するのは、特定の地域の総降水量に対する気温上昇の影響です。

東日本から西日本周辺の夏季の気温を平均すると、1980年からの約40年間に地上付近ではおよそ1度弱の気温上昇が見られます。このすべてが地球温暖化に伴うものではありませんが、気温上昇があった場合（つまり現実的な状況）と、気温上昇がなかった場合を比較すると、平成30年7月豪雨の総雨量は、近年の気温上昇によりおよそ6・7パーセント増加していたこ

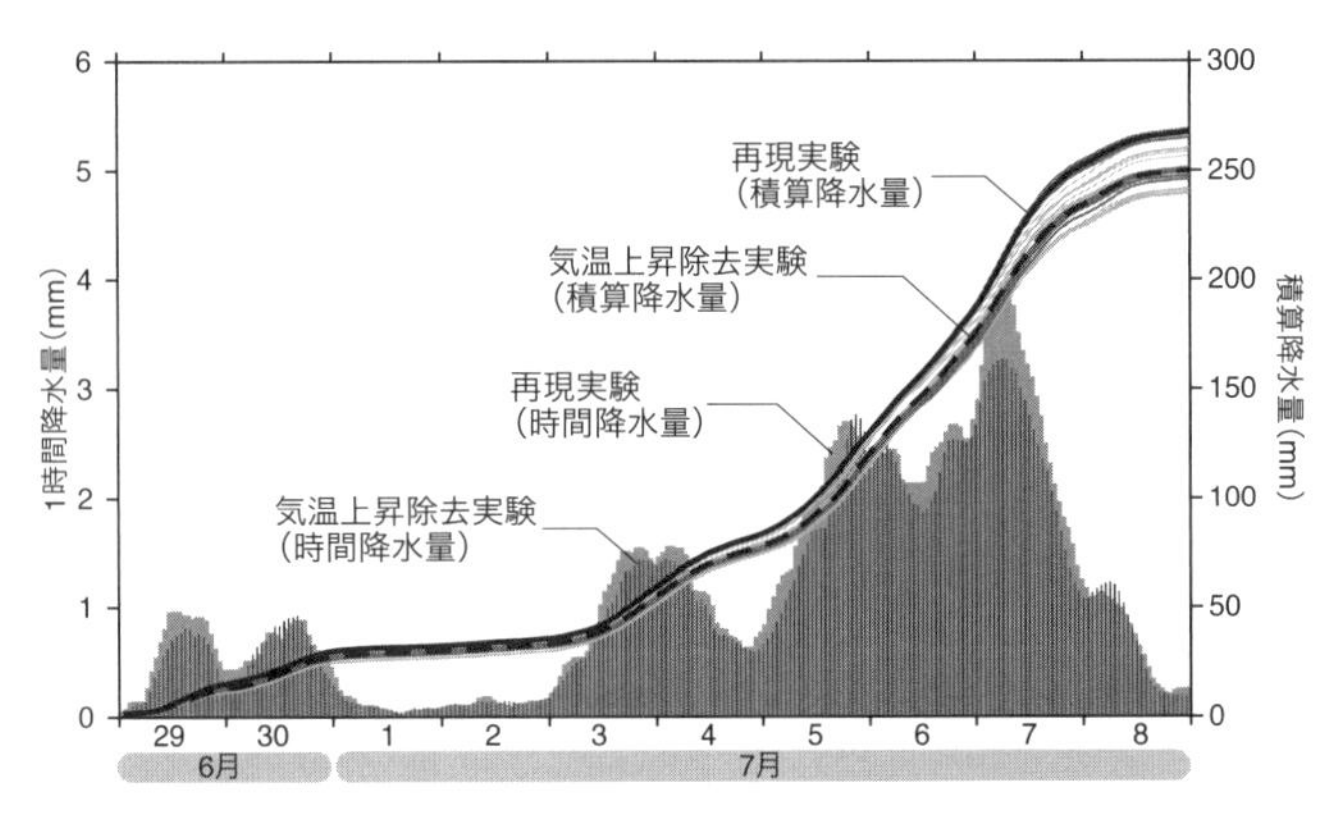

図5－8　領域モデルで計算された平成30年7月豪雨の降水量。現在気候での結果と、これまでの地球温暖化がなかったと仮定した結果。Kawase et al.（2020）[11]の図をもとに作成。

とがわかりました[11]（**図5－8**）。1度弱の上昇で6・7パーセントの降水量増加は、気温上昇から見積もられる水蒸気の増加率とほぼ同程度の比率です。平成30年7月豪雨は、とくに西日本の広い範囲で長い間大雨が降り続いたことが特徴として挙げられます。そのため、気温や海面水温の上昇によって増加した大気中の水蒸気とほぼ同じ量の降水が増加したと考えられます。

同様の手法を用いて2019年の台風第19号の大雨を比較すると、少し異なる結果が得られました[12]。台風第19号による大雨は、平成30年7月豪雨とは異なり、1日程度で集中して発生しています。台風第19号に伴って関東甲信および周辺地域に降った雨の総量は、1980年以降の日本周辺の気温上昇（およそ1度）によって10・9パーセント、工業化以降の日本周辺の気温の上昇（およそ1・

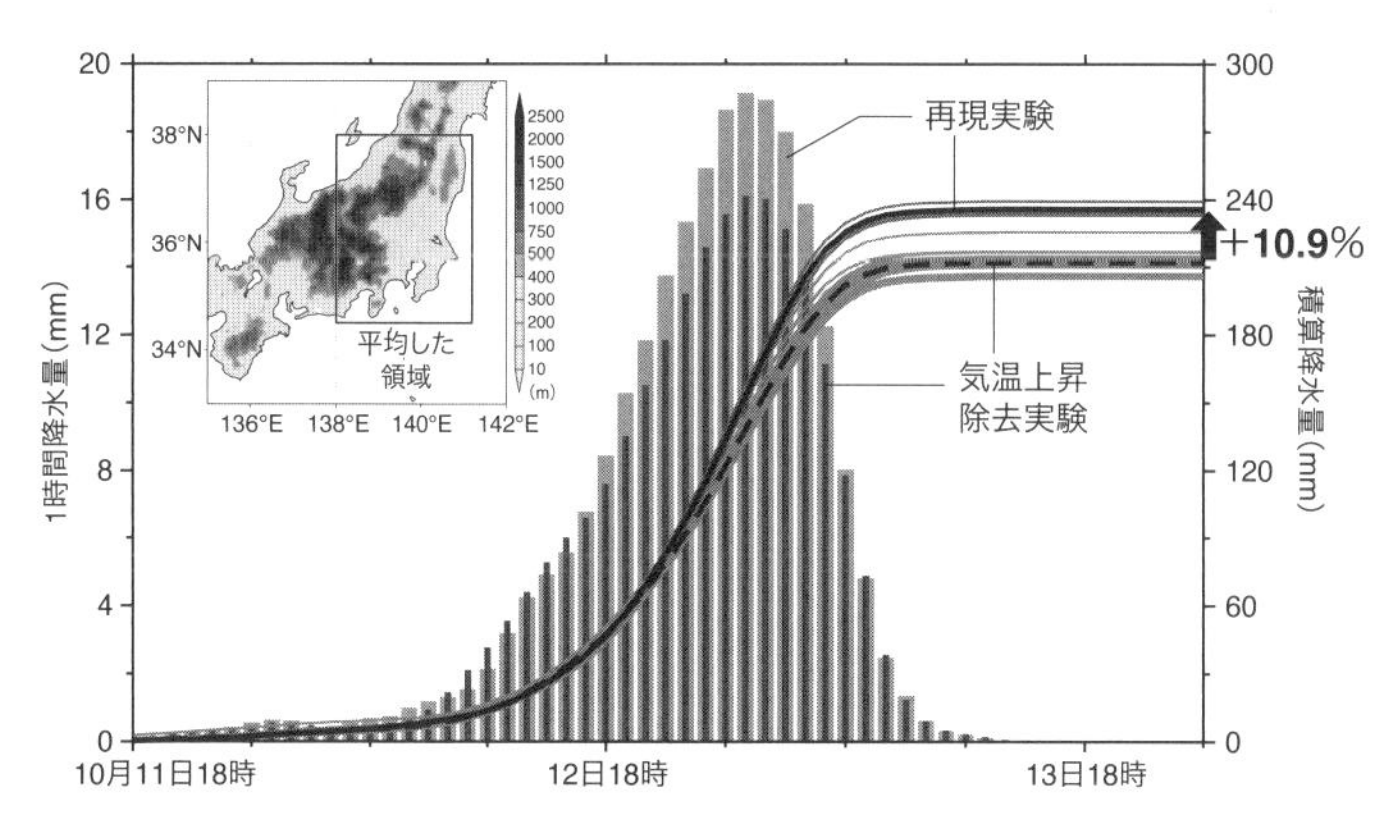

図5－9　領域モデルで計算された令和元年東日本台風による降水量の時間変化。図5－8と同様。気象研究所報道発表[13]の図をもとに作成。

4度）によって、13・6パーセント増加したことがわかりました（**図5－9**）。これらの降水量の増加率は、気温上昇から想定される水蒸気量の増加率（1度上昇で7パーセント増加）より大きいものでした。その要因として、気温および海面水温の上昇に伴って、台風自体がより発達したこと、それにより中部山岳の風上への水蒸気の流入がより強まったことなどが考えられています。

令和2年7月豪雨の期間中に発生した熊本県球磨川流域の線状降水帯の大雨についても、類似の手法を用いた評価が行われています。気象庁の報道発表（令和2年8月20日）によると、7月3日～4日の熊本県を中心とした大雨に対して、高解像度の領域モデルを用いた再現実験と過去40年間の気温上昇がなかったと仮定した計算を比較したところ、気温上昇がなかった実験に比べて再現実験は降水量が多くなりました[14]。報道発表では増加率の値は明記されていませんが、熊本県を中心とした大雨においても、近年の気温上昇によって降水量が増加した可能性を示唆しています。今後のさらなる研究の進展が待たれます。

5・4 イベント・アトリビューションへの期待と課題

5・3で見てきたように、2010年以降に発生したいくつかの異常気象・極端気象に対しては、確率的評価と量的評価によって地球温暖化の寄与が評価されました。現状、おもに猛暑と豪雨に対して行われたものが中心となっており、今後はこのほかの極端な大気現象やそこから発生する災害（大雪や台風による高潮、大雨によって発生する洪水、猛暑による熱中症、天候異常による農作物への影響など）のイベント・アトリビューションが期待されます。**5・3・1**の最後に書いた通り、現在行われている豪雨のイベント・アトリビューション（確率的評価）は、まだメッシュが粗いために線状降水帯などの局所的に大雨をもたらす現象を再現することができません。また、山の風下で高温となるフェーン現象についても、数十キロメッシュの気候モデルでは十分に再現できません。さらに、少し専門的になりますが、現在のイベント・アトリビューションに用いられている気候モデルは、実際の海水温の値を与えて計算する大気モデルであるため、大気と海洋の相互の影響が重要となるような大雨や大雪（たとえば、台風や冬の日本海側）を評価する際にはやや問題があります。最近では、季節予報に用いるような大気海洋結合モデル（**3・3・1**）を用いてイベント・アトリビューションを行う取り組みも始まっています。

もうひとつ課題があります。地球温暖化が異常気象や極端現象にどの程度寄与したのかは、極端な現象が起こったすぐあとに評価することが求められています。地球温暖化と猛暑や豪雨、豪雪などとの関係については、社会的関心が高く、現象が起こったすぐあとに、メディアから研究者に問い合わせがあることが多いです。ただ、現在は計算資源や技術的な問題もあり、すぐに評価することができません。量的評価に関しては、速報解析の結果の一部が気象庁の異常気象分析検討会の報告に使用されはじめていますが、確率的評価には数カ月から1年程度かかっているのが現状です。イベント・アトリビューションの研究はまだ発展途上です。今後の計算機の発達やさらなる研究の進展により、より早期に地球温暖化の影響を評価できるしくみができ、実用化されることが期待されます。

あとがきにかえて～将来の天気との付き合い方～

ここまでお付き合いいただき、ありがとうございました。本書では、近年の豪雨を振り返ったあと、豪雨のしくみ、気象庁からの情報、地球温暖化と豪雨との関係を書いてきました。タイトルの「極端豪雨はなぜ毎年のように発生するのか」の答えに少しでも近づけたでしょうか。私なりの答えは、「豪雨はもともと自然の変動として定期的に発生していたが、２０１０年代は偶然にも多く発生した。さらに、観測や情報の多様化、SNSの普及でそれらが届きやすくなったことで、頻繁に起こると感じるようになった。加えて、地球温暖化による上乗せがあった」です。

本書で書かれた内容の一部は、私が普段、一般の方に説明している地球温暖化や天気の話、そして、新聞やテレビなどのメディアの取材に答えた内容が元になっています。私は地球温暖化と豪雨の話をする際、それぞれの豪雨には発生する要因があり、地球温暖化の影響がなくても発生することを、まずお話しするようにしています。地球温暖化の話に入る前に、そもそもどうして大雨や大雪が降ったのかをわかっていただきたいからです。地球温暖化と豪雨の話題になると、どうしてもセンセーショナルな話になりがちですが、本書を読んでいただければわかるように、少なくとも過去から現在あるいは数十年先においては、これまでとまったく違った天気になることはありません。大雨や大雪、あるいは猛暑のパターンは大体決まっています。

日本や世界で起こる異常気象や極端気象は、地球温暖化とは関係なく、基本的には地球が持つ自然の変動（ゆらぎ）によって発生しています。地球温暖化が進行したとしても、何もないところに突然、豪雨が発生することはないのです。普段から、日々の天気予報や週間天気予報に目を向けていれば、豪雨が起こった際にも災害から身を守る適切な行動ができるようになるでしょう。また、俗にゲリラ豪雨と呼ばれるような短時間強雨や雷雨であれば、自分の目で空を見るか、スマホで雨雲の動きを見るだけで、回避することができるでしょう。過度に地球温暖化を恐れる必要はありません。

ただし、ひとつ注意が必要です。それは、過去の経験や記憶に基づいて行動することです。イベント・アトリビューション研究によって、地球温暖化は豪雨や猛暑の発生頻度を高めていることがわかってきました。また、いったん豪雨が発生する環境が整った場合には、地球温暖化の影響が小さかった時期と比べ、降水量が増加していることもわかってきました。

もちろん、人為起源の温室効果ガスの増加により地球の気候を変えてしまう地球温暖化を放置してよいわけではありません。世界では1900年から2020年までに、約1度の気温上昇が観測されています。これにより、大雨の増加や積雪の減少、海氷・氷床の減少などが顕在化してきました。もし、温室効果ガスの排出が20世紀末のペースで続いた場合、21世紀末には世界の平均気温が20世紀末に比べて4度程度上がることが予測されています。2020年までの気温上昇が約1度であったことを考えると、かなりのスピードで気温が上昇することがわかります。

ただ、これは最悪のシナリオです。パリ協定がめざす21世紀末の気温上昇が2度以下のシナリオ（第4章の2度上昇シナリオに相当）が達成できれば、気候変化による影響は最小限に抑えられると見られます。これから二酸化炭素などの温室効果ガスの排出を大幅に減らし、最終的にはゼロあるいはマイナス（過去に排出した大気中の二酸化炭素を回収すること）にすれば、地球温暖化をある程度のレベルで食い止めることができるでしょう。

2021年にはIPCCの第6次評価報告書が発行され、最新の科学的知見に基づく気候変動予測や影響評価の結果が公開されます。これをもとに、世界各国が温室効果ガス削減に向けて歩みを進めれば、現在予測されているような猛暑や豪雨が増える最悪のシナリオにはならなくて済むでしょう。ただ、地球温暖化をくい止めたとしても、異常気象や極端気象は定期的に発生します。油断せずに、日々の天気予報や空に目を向けながら過ごすことで、時に牙をむく気象ともうまく付き合えるようになるでしょう。

謝　辞

本書を執筆するにあたり、加藤輝之様、廣川康隆様、仲江川敏之様、今田由紀子様（気象庁気象研究所）、加藤亮平様（防災科学技術研究所）には専門家の目線から原稿を確認していただき、多くのご助言をいただきました。釜江陽一様（筑波大学）、山崎哲様（海洋研究開発機構）からは図をご提供いただきました。また、長沢昭子様（気象業務支援センター）と杉村友希様（筑波大学後輩）、中道久美子様（東京工業大学）には、専門的な内容が読みやすくなるよう多くのアドバイスをいただきました。ここに御礼申し上げます。本書執筆のお話をいただき、私の拙い執筆に根気強く付き合っていただいた化学同人の津留貴彰氏には深く感謝申し上げます。

最後に、大変な中、執筆に理解を示し支えてくれた妻、執筆中に生まれてきてくれた娘にも感謝致します。

２０２１年７月

川瀬　宏明

（2）気象庁，異常気象分析検討会. https://www.data.jma.go.jp/gmd/extreme/index.html
（3）気象庁報道発表資料，平成30年7月豪雨及び7月中旬以降の記録的な高温の特徴と要因について（平成30年8月10日）. https://www.jma.go.jp/jma/press/1808/10c/h30goukouon20180810.pdf
（4）気象庁，資料（2）2020/2021年冬の天候と大気循環場の特徴. https://www.data.jma.go.jp/gmd/extreme/kaigi/2021/0311/r02_3rd_gidai2_202103.pdf
（5）森正人ほか，「新語解説「Event Attribution（イベントアトリビューション）」」『天気』，**60**，57-58（2013）.
（6）Imada, Y. et al. The July 2018 high temperature event in Japan could not have happened without human-induced global warming. *SOLA* **15A**, 8-12（2019）. doi:10.2151/sola.15A-002.
（7）気象庁，日本の気候変動2020 ―大気と陸・海洋に関する観測・予測評価報告書―. https://www.data.jma.go.jp/cpdinfo/ccj/index.html
（8）地球温暖化対策に資するアンサンブル気候予測データベース. https://www.miroc-gcm.jp/~pub/d4PDF/
（9）Imada, Y. et al. Challenges of risk-based event attribution for heavy regional rainfall events. *NPJ Climate Atmos. Sci.*, **3**, 37（2020）. doi:10.1038/s41612-020-00141-y.
（10）気象研究所報道発表，地球温暖化が近年の日本の豪雨に与えた影響を評価しました（令和2年10月20日）. https://www.mri-jma.go.jp/Topics/R02/021020/press_release021020.pdf
（11）Kawase, H. et al. The Heavy Rain Event of July 2018 in Japan enhanced by historical warming, *BAMS* **101**, S109-S114（2020）. https://doi.org/10.1175/BAMS-D-19-0173.1
（12）Kawase, H. et al. Enhancement of extremely heavy precipitation induced by Typhoon Hagibis（2019）due to historical warming, *SOLA* **17A**, 7-13（2021）. https://doi.org/10.2151/sola.17A-002.
（13）気象研究所報道発表，近年の気温上昇が令和元年東日本台風の大雨に与えた影響（令和2年12月24日）. https://www.mri-jma.go.jp/Topics/R02/021224-1/press_release021224-1.pdf
（14）気象庁報道発表，令和2年7月の記録的大雨や日照不足の特徴とその要因について～異常気象分析検討会の分析結果の概要～（令和2年8月20日）. https://www.jma.go.jp/jma/press/2008/20a/kentoukai20200820.pdf

eleventh meeting of the research dialogue, 28-30, UNFCCC Bonn Climate Change Conference, Bonn, Germany. 2019.: 山田朋人「アンサンブル手法による気候変動予測・リスク評価の考え方」『河川』，令和2年12月号，77-81（2020）．：国土交通省北海道開発局，北海道：北海道地方における気候変動を踏まえた治水対策技術検討会【中間とりまとめ】，2020.

（22）Yoshida, K. et al. Future changes in tropical cyclone activity in high-resolution large-ensemble simulations. *Geophysical Research Letters* **44**, 9910-9917（2017）. https://doi.org/10.1002/ 2017GL075058.

（23）Knutson, T. et al. Tropical cyclones and climate change assessment: Part II. Projected response to anthropogenic warming. *Bull. Amer. Meteor. Soc.*, **101**, E303-E322（2020）. doi:10.1175/BAMSD-18-0194.1.

（24）Hatsuzuka, D. et al. Regional projection of tropical-cyclone-induced extreme precipitation around Japan based on large ensemble simulations. *SOLA*, **16**, 23-29（2020）. doi:10.2151/sola.2020-005.

（25）Kanada, S. et al. A multimodel intercomparison of an intense typhoon in future, warmer climates by four 5-km-mesh model. *J. Climate* **30**, 6017-6036（2017）. doi:10.1175/JCLI-D-16-0715.1.

（26）Takemi, T., Ito, R. and Arakawa, O. Robustness and uncertainty of projected changes in the impacts of Typhoon Vera（1959）under global warming. *Hydrol. Res. Lett.*, **10**, 88-94（2016）. doi:10.3178/hrl.10.88.

（27）Kawase, H. et al. Enhancement of extremely heavy precipitation induced by Typhoon Hagibis（2019）due to historical warming, *SOLA* **17A**, 7-13（2021）. https://doi.org/10.2151/sola.17A-002.

（28）Chadwick, R., Boutle, I. and Martin, G. Spatial patterns of precipitation change in CMIP5: Why the rich do not get richer in the tropics. *J. Climate* **26**, 3803－3822（2013）. https://doi.org/10.1175/JCLI-D-12-00543.1.

（29）Kawase, H. et al. Enhancement of heavy daily snowfall in central Japan due to global warming as projected by large ensemble of regional climate simulations. *Climatic Change* **139**, 265-278（2016）. doi:10.1007/s10584-016-1781-3.

（30）Kawase, H. et al. Characteristics of synoptic conditions for heavy snowfall in western to northeastern Japan analyzed by the 5-km regional climate ensemble experiments. *J. Meteor. Soc. Japan* **96**, 161-178（2018）. https://doi.org/10.2151/jmsj.2018-022.

第5章

（1）筆保弘徳ほか『異常気象と気候変動についてわかっていることいないこと』ベレ出版（2014）.

doi:10.2151/sola.15A-003.
（７）気象庁，気候変動監視レポート 2020（2021 年 4 月 28 日）．https://www.data.jma.go.jp/cpdinfo/monitor/
（８）IPCC, The Ocean and Cryosphere in a Changing Climate. https://www.ipcc.ch/srocc/
（９）気象庁，IPCC 第 4 次評価報告書第 1 作業部会報告書 概要及びよくある質問と回答（2007，確定訳）．https://www.data.jma.go.jp/cpdinfo/ipcc/ar4/ipcc_ar4_wg1_es_faq_all.pdf
（10）気象庁，IPCC 第 4 次評価報告書　技術要約（日本語訳）．https://www.data.jma.go.jp/cpdinfo/ipcc/ar4/ipcc_ar4_wg1_ts_Jpn.pdf
（11）気象庁，IPCC 第 5 次評価報告書　第 1 作業部会報告書　政策決定者向け要約 気象庁訳．https://www.data.jma.go.jp/cpdinfo/ipcc/ar5/ipcc_ar5_wg1_spm_jpn.pdf
（12）筒井純一，「新語解説「共有社会経済パス（Shared Socioeconomic Pathways, SSP）」」『天気』，**63**，65-67（2016）．
（13）気象庁，地球温暖化予測情報．https://www.data.jma.go.jp/cpdinfo/GWP/index.html
（14）気象庁，日本の気候変動 2020 ―大気と陸・海洋に関する観測・予測評価報告書―．https://www.data.jma.go.jp/cpdinfo/ccj/index.html
（15）Kawase, H. et al. Regional characteristics of future changes in snowfall in Japan under RCP2.6 and RCP8.5 scenarios, *SOLA* **17**, 1-7（2020）. https://doi.org/10.2151/sola.2021-001.
（16）Miyasaka, T. et al. Future projections of heavy precipitation in Kanto and associated weather patterns using large ensemble high-resolution simulations. *SOLA* **16**, 125-131（2020）. doi:10.2151/sola.2020-022.
（17）国土交通省，気候変動を踏まえた治水計画に係る技術検討会．https://www.mlit.go.jp/river/shinngikai_blog/chisui_kentoukai/index.html
（18）地球温暖化対策に資するアンサンブル気候予測データベース．https://www.miroc-gcm.jp/～pub/d4PDF/
（19）小坂田ゆかり，中北英一，「平成 30 年 7 月豪雨の特徴および地球温暖化による影響評価」『土木学会論文集 B1（水工学）』，**75**，231-238（2019）．https://doi.org/10.2208/jscejhe.75.1_231.
（20）北海道大学ほか報道発表，気候変動により北海道の今世紀末の降水量が顕著に増加～極端降水量が約 1.4 倍になり氾濫被害が顕著に増加することをスーパーコンピュータで予測～（2018 年 11 月 20 日）．https://www.hokudai.ac.jp/news/181120_pr.pdf
（21）Yamada, T. J. Adaptation measures for extreme floods using huge ensemble of high-resolution climate model simulation in Japan, Summary report on the

（2）気象庁，数値モデルの種類．https://www.jma.go.jp/jma/kishou/know/whitep/1-3-4.html
（3）気象庁，全球モデル．https://www.jma.go.jp/jma/kishou/know/whitep/1-3-5.html
（4）気象庁，決定論的予測・確率的予測．https://www.jma.go.jp/jma/kishou/know/kisetsu_riyou/difference/index.html
（5）気象庁，アンサンブル予報．https://www.jma.go.jp/jma/kishou/know/whitep/1-3-8.html
（6）気象庁，気象警報・注意報の種類．https://www.jma.go.jp/jma/kishou/know/bosai/warning_kind.html
（7）気象庁，気象等に関する特別警報の発表基準．https://www.jma.go.jp/jma/kishou/know/tokubetsu-keiho/kizyun-kishou.html
（8）気象庁，リーフレット「雨と風（雨と風の階級表）」．https://www.jma.go.jp/jma/kishou/books/amekaze/amekaze_index.html
（9）気象庁，土壌雨量指数．https://www.jma.go.jp/jma/kishou/know/bosai/dojoshisu.html
（10）気象庁，土砂災害警戒情報・土砂キキクル（大雨警報（土砂災害）の危険度分布）．https://www.jma.go.jp/jma/kishou/know/bosai/doshakeikai.html
（11）気象庁，記録的短時間大雨情報．https://www.jma.go.jp/jma/kishou/know/bosai/kirokuame.html
（12）気象庁，顕著な大雨に関する情報．https://www.jma.go.jp/jma/kishou/know/bosai/kenchoame.html
（13）気象庁，防災気象情報と警戒レベルとの対応について．https://www.jma.go.jp/jma/kishou/know/bosai/alertlevel.html

第4章

（1）外務省，SDGsとは．https://www.mofa.go.jp/mofaj/gaiko/oda/sdgs/about/index.html
（2）気象庁，温室効果とは．https://www.data.jma.go.jp/cpdinfo/chishiki_ondanka/p03.html
（3）国立環境研究所，ココが知りたい地球温暖化：水蒸気の温室効果．https://www.cger.nies.go.jp/ja/library/qa/11/11-2/qa_11-2-j.html
（4）気象庁，温室効果ガスの濃度の変化．https://www.data.jma.go.jp/cpdinfo/chishiki_ondanka/p06.html
（5）気象庁，大雨や猛暑日など（極端現象）のこれまでの変化．https://www.data.jma.go.jp/cpdinfo/extreme/extreme_p.html
（6）Shimpo, A. et al. Primary factors behind the Heavy Rain Event of July 2018 and the subsequent heat wave in Japan. *SOLA* **15A**, 13-18 (2019).

kishou/know/toppuu/tornado1-2-2.html
(10) 北畠尚子,「日本海で閉塞した低気圧の構造と変化」『天気』, **47**, 15-28 (2000).
(11) 筆保弘徳, 伊藤耕介, 山口宗彦『台風の正体』朝倉書店 (2014).
(12) 上野充, 山口宗彦『図解 台風の科学』講談社 (2012).
(13) 筆保弘徳ほか『台風についてわかっていることいないこと』ベレ出版 (2018).
(14) 茂木耕作『梅雨前線の正体』東京堂出版 (2012).
(15) 気象庁, 気象庁が天気予報等で用いる予報用語. https://www.jma.go.jp/jma/kishou/know/yougo_hp/kousui.html
(16) 津口裕茂, 加藤輝之,「集中豪雨事例の客観的な抽出とその特性・特徴に関する統計解析」『天気』, **61**, 455-469 (2014).
(17) Hirockawa, Y. et al. Identification and classification of heavy rainfall areas and their characteristic features in Japan. *J. Meteor. Soc. Japan* **98**, 835-857 (2020). https://doi.org/10.2151/jmsj.2020-043.
(18) 瀬古弘,「1996年7月7日に南九州で観測された降水系内の降水帯とその環境」『気象研究ノート』, **208**, 187-200 (2005).
(19) 吉崎正憲, 加藤輝之『豪雨・豪雪の気象学』朝倉書店 (2007).
(20) Kato, T. Quasi-stationary band-shaped precipitation systems, named "senjo-kousuitai," causing localized heavy rainfall in Japan. *J. Meteor. Soc. Japan* **98**, 485-509 (2020). https://doi.org/10.2151/jmsj.2020-029.
(21) 小倉義光,「テーパリングクラウドという名称について」『天気』, **60**, 649 (2013).
(22) 気象庁, 大雨のリスクマップ (確率降水量). https://www.data.jma.go.jp/cpdinfo/riskmap/exp_qt.html
(23) 国立研究開発法人防災科学技術研究所 水・土砂防災研究部門, 岩手県周辺の大雨のメカニズム (平成28年台風第10号). https://mizu.bosai.go.jp/wiki2/wiki.cgi?page=%B4%E4%BC%EA%B8%A9%BC%FE%CA%D5%A4%CE%C2%E7%B1%AB%A4%CE%A5%E1%A5%AB%A5%CB%A5%BA%A5%E0%A1%CA%CA%BF%C0%AE28%C7%AF%C2%E6%C9%F7%C2%E810%B9%E6%A1%CB
(24) 海上保安庁, 海難の現況と対策について〜大切な命を守るために〜 (平成23年版). https://www.kaiho.mlit.go.jp/info/kouhou/h24/k20120322/k120322-honpen.pdf
(25) 気象庁, 予報が難しい現象について (太平洋側の大雪). https://www.jma.go.jp/jma/kishou/know/yohokaisetu/ooyuki.html

第3章

(1) 気象庁, 数値予報とは. https://www.jma.go.jp/jma/kishou/know/whitep/1-3-1.html

(10) 気象庁，災害時気象報告　平成 27 年 9 月関東・東北豪雨及び平成 27 年台風第 18 号による大雨等，資料 3．https://www.jma.go.jp/jma/kishou/books/saigaiji/saigaiji_2015/saigaiji_201501.pdf
(11) 気象研究所報道発表，平成 26 年 8 月 20 日の広島市での大雨の発生要因（平成 26 年 9 月 9 日），図 1．https://www.mri-jma.go.jp/Topics/H26/260909/Press_140820hiroshima_heavyrainfall.pdf
(12) 消防庁，8 月 19 日からの大雨等による広島県における被害状況及び消防の活動等について（第 47 報）．https://www.fdma.go.jp/disaster/info/assets/post755.pdf
(13) 気象庁，災害時気象速報　平成 23 年 7 月新潟・福島豪雨，付図 2．http://www.jma.go.jp/jma/kishou/books/saigaiji/saigaiji_201102.pdf
(14) 消防庁，平成 24 年版 消防白書．https://www.fdma.go.jp/publication/hakusho/h24/
(15) 気象研究所報道発表，平成 23 年 7 月新潟・福島豪雨の発生要因について（平成 23 年 8 月 4 日）．https://www.jma.go.jp/jma/press/1108/04b/20110804_gouuyouin.pdf
(16) NASA Worldview. https://worldview.earthdata.nasa.gov/
(17) 長崎地方気象台，昭和 57 年 7 月豪雨（長崎大水害）．https://www.jma-net.go.jp/nagasaki-c/shosai/saigai/ooame/19820723/index.html
(18) 気象庁，災害をもたらした気象事例「諫早豪雨」．https://www.data.jma.go.jp/obd/stats/data/bosai/report/1957/19570725/19570725.html
(19) 愛知県，平成 12 年 9 月東海豪雨による水害記録．https://www.pref.aichi.jp/soshiki/kasen/kako-suigai.html

第 2 章

(1) 川瀬宏明『地球温暖化で雪は減るのか増えるのか問題』ベレ出版（2019）．
(2) 小倉義光『一般気象学』東京大学出版会（1984）．
(3) 荒木健太郎『雲の中では何が起こっているのか』ベレ出版（2014）．
(4) Byers H. R. and Braham, R. R., Jr. *The Thunderstorm* U. S. Weather Bureau（1949）．
(5) 気象庁，雷とは．https://www.jma.go.jp/jma/kishou/know/toppuu/thunder1-0.html
(6) 日本気象学会『気象科学事典』東京書籍（1998）．
(7) 石原正仁他，「2012 年 5 月 6 日茨城・栃木の竜巻に関する調査研究報告会」『天気』，**60**，47–56（2013）．
(8) 気象庁，藤田（F）スケールとは．https://www.jma.go.jp/jma/kishou/know/toppuu/tornado1-2.html
(9) 気象庁，日本版改良藤田（JEF）スケールとは．https://www.jma.go.jp/jma/

文献情報

＊引用したURLは2021年7月時点のものであり，変更される可能性があります．

●本書全体をとおして参考とした文献，URL●

小倉義光『メソ気象の基礎理論』東京大学出版会（1997）．

気象庁，気象の専門家向け資料集．https://www.jma.go.jp/jma/kishou/know/expert/index.html

坪木和久『激甚気象はなぜ起こる』新潮社（2020）．

日本気象学会『気象科学事典』東京書籍（1998）．

水野量『雲と雨の気象学』朝倉書店（2003）．

渡部雅浩『絵でわかる地球温暖化』講談社（2018）．

●参考文献，引用文献●

第1章

（1）気象庁，気象庁が名称を定めた気象・地震・火山現象一覧．https://www.jma.go.jp/jma/kishou/know/meishou/meishou_ichiran.html

（2）気象庁，気象庁が天気予報等で用いる予報用語．https://www.jma.go.jp/jma/kishou/know/yougo_hp/kousui.html

（3）気象研究所報道発表，令和2年7月豪雨における九州の記録的大雨の要因を調査～小低気圧による極めて多量の水蒸気流入で球磨川流域の線状降水帯が発生～（令和2年12月24日）．https://www.mri-jma.go.jp/Topics/R02/021224-2/press_release021224-2.pdf

（4）気象庁報道発表，令和元年台風第19号とそれに伴う大雨などの特徴・要因について（速報）（令和元年10月24日）．https://www.jma.go.jp/jma/press/1910/24a/20191024_mechanism.pdf

（5）内閣府，令和元年台風第19号等による災害からの避難に関するワーキンググループ．http://www.bousai.go.jp/fusuigai/typhoonworking/index.html

（6）気象庁，台風の番号とアジア名の付け方．https://www.jma.go.jp/jma/kishou/know/typhoon/1-5.html

（7）気象庁報道発表，「平成30年7月豪雨」の大雨の特徴とその要因について（速報）（平成30年7月13日）．https://www.jma.go.jp/jma/press/1807/13a/gou20180713.pdf

（8）気象研究所報道発表，平成29年7月5－6日の福岡県・大分県での大雨の発生要因について（平成29年7月14日）．https://www.jma.go.jp/jma/press/1707/14b/press_20170705-06_fukuoka-oita_heavyrainfall.pdf

（9）気象研究所報道発表，平成27年9月関東・東北豪雨の発生要因（平成27年9月18日）．https://www.mri-jma.go.jp/Topics/H27/270918/press20150918.pdf

とくに重要なウェブサイトへアクセスするための二次元バーコード

知…気象の知識に関するサイト
気…気候変動に関するサイト
防…防災関連情報のサイト

知 気象の専門家向け資料集

https://www.jma.go.jp/jma/kishou/know/expert/index.html

知 数値予報とは

https://www.jma.go.jp/jma/kishou/know/whitep/1-3-1.html

気 大雨や猛暑日など（極端現象）のこれまでの変化

https://www.data.jma.go.jp/cpdinfo/extreme/extreme_p.html

気 地球温暖化予測情報

https://www.data.jma.go.jp/cpdinfo/GWP/index.html

気 日本の気候変動2020―大気と陸・海洋に関する観測・予測評価報告書―

https://www.data.jma.go.jp/cpdinfo/ccj/index.html

防 気象庁が名称を定めた気象・地震・火山現象一覧

https://www.jma.go.jp/jma/kishou/know/meishou/meishou_ichiran.html

防 気象等の特別警報、警報、注意報の種類

https://www.jma.go.jp/jma/kishou/know/bosai/warning_kind.html

防 気象等に関する特別警報の発表基準

https://www.jma.go.jp/jma/kishou/know/tokubetsu-keiho/kizyun-kishou.html

防 土壌雨量指数

https://www.jma.go.jp/jma/kishou/know/bosai/dojoshisu.html

防 土砂災害警戒情報・土砂キキクル（大雨警報（土砂災害）の危険度分布）

https://www.jma.go.jp/jma/kishou/know/bosai/doshakeikai.html

防 記録的短時間大雨情報

https://www.jma.go.jp/jma/kishou/know/bosai/kirokuame.html

防 顕著な大雨に関する情報

https://www.jma.go.jp/jma/kishou/know/bosai/kenchoame.html

防 防災気象情報と警戒レベルとの対応について

https://www.jma.go.jp/jma/kishou/know/bosai/alertlevel.html

川瀬　宏明（かわせ・ひろあき）

1980年生まれ。2007年、筑波大学大学院生命環境科学研究科地球環境科学専攻修了。海洋研究開発機構、国立環境研究所などを経て、現在、気象庁気象研究所応用気象研究部主任研究官。博士（理学）。気象予報士。

専門は気象学・気候学、雪氷学。

2019年度日本雪氷学会平田賞、2020年度日本気象学会正野賞を受賞。

著書に『地球温暖化で雪は減るのか増えるのか問題』、『異常気象と気候変動についてわかっていることいないこと』（共著、いずれもベレ出版）がある。

DOJIN選書　090

極端豪雨はなぜ毎年のように発生するのか

気象のしくみを理解し、地球温暖化との関係をさぐる

第1版　第1刷　2021年 8 月15日

検印廃止

著　　者　川瀬宏明
発 行 者　曽根良介
発 行 所　株式会社化学同人
600-8074　京都市下京区仏光寺通柳馬場西入ル
編集部　TEL：075-352-3711　FAX：075-352-0371
営業部　TEL：075-352-3373　FAX：075-351-8301
振替　01010-7-5702
https://www.kagakudojin.co.jp　webmaster@kagakudojin.co.jp
装　　幀　BAUMDORF・木村由久
印刷・製本　創栄図書印刷株式会社

ISBN978-4-7598-1689-1